THE INK COMPANY

TRANSFORMACION DIGITAL PARA EMPEZAR LA DISRUPCION CORPORATIVA

TRANSFORMACION DIGITAL para empezar la DISRUPCION CORPORATIVA
Contexto, Etapas y Agentes de Cambio de la Trasformación Digital
por A. Vrant

Publicado por THE INK COMPANY Publishing, Inc. division de The INK Company, 1000E. Madison St. R. 118 Springfield, MO 65897

Si bien se han tomado precauciones en la preparación de este libro, la editorial y los autores no asumen ninguna responsabilidad por errores u omisiones, ni por perjuicios resultantes del uso de la información aquí contenida. Este libro presenta información general sobre *Transformación Digital*, la naturaleza mutable de esos temas significa que pueden darse errores y / o información que, si bien es precisa cuando fue escrita, con el paso de los años puede generar la sensación de haber perdido precisión, conservando solo la precisión aplicable a casos puntuales muy conocidos. Su confianza en la información contenida en este libro está bajo su propio riesgo y el autor o la editorial, rehúsan tomar responsabilidad por cualquier daño o gasto resultante. El contenido de este libro representa únicamente revelaciones del tema u opiniones del autor basado o sustentado en fuentes similares o compatibles y, no representa los puntos de vista de una corporación en particular.

Este libro fue financiado por *The INK Company* parte del Grupo LID. Se publica bajo el principio de publicación abierta, lo monetizamos para poder financiar futuros libros. Este libro está destinado además a apoyar y co-financiar proyectos de *Transformación Digital*. Gracias a *Altimeter* y *Prophet* por la inspiración, estructura y algunos contenidos específicos.

Un agradecimiento a todos los agentes de cambio que contribuyen con su tiempo e ideas. *Si has trasformado digitalmente tu empresa déjanoslo saber*.

Para obtener más información, póngase en contacto al +57 315 4186715 | Visítanos en https://www.tinkcit.com/

ISBN: **9781797575476**

CONTENIDO

...

INTRO ...9

DESARROLLO HISTORICO DE LA TRANSFORMA - CION DIGITAL ... 17

DESARROLLO DE LA TRANSFORMA - CION DIGITAL ... 21

LA TRANSFORMA - CIÓN DIGITAL NO ES SOLO SOBRE TECNOLOGÍA ... 28

LA MADUREZ DE LA TRANSFORMA - CIÓN DIGITAL A TRAVÉS DE LA ALINEACIÓN EN TORNO A UNA EXPERIENCIA HOLÍSTICA DEL CLIENTE ... 32

LAS EMPRESAS CRECEN DE "NEGOCIOS COMO DE COSTUMBRE" A INNOVACIÓN EMPRESARIAL A LO LARGO DEL CAMINO DE LA TRANSFORMA - CIÓN DIGITAL ... 35

LA MADURACIÓN DIGITAL REQUIERE PARTICIPACIÓN MULTIDISCIPLINA ... 40

ETAPA 1: ... 45
LAS OPERACIONES DE LOS CLIENTES MANTIENEN EL ESTATUS QUO Y, "LOS NEGOCIOS COMO DE COSTUMBRE" 45

ETAPA 2: ... 61
LA NUEVA TECNOLOGÍA ESTALLA LA IMAGINACIÓN Y EXPERIMENTACIÓN A MEDIDA QUE LAS EMPRESAS SE VUELVEN ... 61
"PRESENTES Y ACTIVAS" ... 61

ETAPA 3: ... 77
UN SENTIDO DE URGENCIA ACELERA EL CAMBIO CON LOS RESULTADOS "FORMALIZADOS" ... 77

ETAPA 4: ... 93
EL ESFUERZO POR LA RELEVANCIA ESCALA Y LAS EMPRESAS FORMULAN EL ENFOQUE PARA EL CAMBIO QUE LAS HACE "ESTRATÉGICAS" ... 93

ETAPA 5: ... 109
LA TRANSFORMA - CIÓN ESTA EN EL ADN A MEDIDA QUE LAS EMPRESAS TOMAN OFICIALMENTE UN ENFOQUE PARA SER "CONVERGIDAS" ... 109

ETAPA 6: ... 125
LA CULTURA DE LA INNOVACIÓN SE CONVIERTE EN LA PRINCIPAL PRIORIDAD A MEDIDA QUE LAS EMPRESAS SE CONVIERTEN EN "INNOVADORAS Y ADAPTATIVAS" ... 125

LA TRANSFORMA - CIÓN DIGITAL ES UN VIAJE, NO UN DESTINO ... 141
EL CAMINO A LA TRANSFORMA - CIÓN DIGITAL TOMA UN ENFOQUE "OPUESTO" | ... 147

EL CICLO DE LA ADOPCION DIGITAL ES PARTE INTEGRAL DE LA TRANSFORMA - CION DIGITAL ... 153

EL MANIFIESTO DEL AGENTE DE CAMBIO DIGITAL: ... **163**
CÓMO LAS PERSONAS DETRÁS DE LA TRANSFORMA - CIÓN DIGITAL LIDERAN EL CAMBIO DESDE DENTRO

PARA DESTACAR SOBRE LA TRANSFORMA - CION DIGITAL Y SUS AGENTES DE CAMBIO ... 167

AGENTES DE CAMBIO DIGITAL, TRANSFORMA - CIÓN DIGITAL Y GESTIÓN DE CAMBIO ... 171

PORTAFOLIO DE AGENTES CAMBIO PARA LA TRANSFORMA - CION DIGITAL ... 178

LOS ROLES CRÍTICOS DE LOS AGENTES DE CAMBIO PARA LA TRANSFORMA - CIÓN DIGITAL ... 188

RETOS COMUNES QUE ENFRENTAN LOS AGENTES DE CAMBIO PARA LA TRANSFORMA - CION DIGITAL ... 195

EL MANIFIESTO DEL AGENTE DE CAMBIO DIGITAL (grafico) ... 209

OUTRO ... 225
EL VALOR DE LOS AGENTES DE CAMBIO PARA LA TRANSFORMA - CION DIGITAL

DOS TESTIMONIOS VALIOSOS SOBRE LA TRANSFORMA - CION DIGITAL, SU IMPLEMENTACION Y ADOPCION ... 227

INTRO

La transformación digital (conocida de forma abreviada como DX) no tiene que ver necesariamente con la tecnología digital, sino con el hecho de que la tecnología, que es digital, permite a las personas resolver sus problemas tradicionales; y, prefieren esta solución digital a la solución anterior. | La etapa de transformación significa que los usos digitales permiten inherentemente nuevos tipos de innovación y creatividad en un dominio particular, en lugar de simplemente mejorar y apoyar los métodos tradicionales.

En un sentido más estrecho, "transformación digital" puede referirse al concepto de "no tener papeles" o alcanzar una "madurez de negocios digital" que afecta tanto a empresas individuales como a segmentos de la sociedad, como el gobierno, las comunicaciones masivas, arte, medicina, y ciencia.

Si bien el impacto de esto en las empresas ha sido profundo, muchos luchan por aprovechar todo el potencial de la digitalización y esto también está claramente dividido por las fronteras fisicas. Se ha demostrado que, si bien los procesos de negocios están experimentando un gran cambio y progresan mucho en la adopción de la digitalización, incluso las economías avanzadas están luchando para explotar todo el potencial de la digitalización.

Vivimos en una era de "darwinismo digital", donde la sociedad y la tecnología evolucionan más rápido que la capacidad de adaptación. Las tecnologías disruptivas están afectando la dinámica del mercado y cómo operan las empresas dentro de ellas. Desde las aplicaciones móviles y la computación en la nube hasta las redes sociales y el mercadeo en tiempo real, y todos los datos grandes y pequeños entre ellos, la tecnología avanza a un ritmo acelerado. Al mismo tiempo, las empresas luchan para mantenerse al día con la tecnología y su impacto. Para competir efectivamente, y eventualmente prosperar, las empresas deben volverse ágiles en lugar de reactivas y centradas en el cliente en lugar de presuntivas. Entre en la transformación digital.

Ahora sabemos que hay muchas definiciones para la transformación digital. Basándonos en los aportes de los líderes digitales, adaptamos continuamente nuestra definición para reflejar el estado actual y la dirección de la transformación digital.

Se define la transformación digital de la siguiente manera:

La realineación o la nueva inversión en tecnología, modelos de negocios y procesos para generar un nuevo valor para los clientes y empleados para competir de manera efectiva en una economía digital en constante cambio.

- Altimeter

Aunque la transformación digital es un movimiento empresarial global que utiliza la tecnología para mejorar radicalmente el rendimiento o el alcance de las empresas, la tecnología por sí sola no es la solución.

Sin duda hemos aprendido que la transformación digital es un movimiento que avanza sin un mapa universal para guiar a las empresas a través de pasajes probados y productivos. Esto deja a las organizaciones que persiguen el cambio desde un enfoque conocido y seguro que se correlaciona con las prácticas donde se evidencian los "negocios como de costumbre". Operar dentro de los límites de los paradigmas tradicionales sin propósito o visión eventualmente desafía la dirección, la capacidad y la agilidad para prosperar en una economía digital.

Al entrar en contacto de forma constante con los individuos que ayudan a impulsar la transformación digital (quienes son llamados "*agentes de cambio*"), se han identificado una serie de patrones, componentes y procesos que forman una base sólida para el cambio.

Se han organizado estos elementos en *seis etapas* distintas que caracterizan las organizaciones según su *"momentum"* de Trasformación Digital:

1. LOS NEGOCIO COMO DE COSTUMBRE
2. PRESENTES Y ACTIVAS
3. FORMALIZADAS
4. ESTRATEGICAS
5. CONVERGIDAS
6. INNOVADORAS Y ADAPTATIVAS

En conjunto, estas fases sirven como un modelo de madurez digital para guiar una transformación digital útil y ventajosa. Nuestra investigación sobre la transformación digital se centra en la experiencia del cliente digital (DCX (*Digital Customer Experience*)) y, por lo tanto, refleja uno de los muchos caminos hacia el cambio. Descubrimos que DCX era un catalizador importante para impulsar la evolución de los negocios, además de la tecnología y otros factores del mercado.

Aquí se presentan cada una de las seis etapas como fases autocontenidas, que ofrecen una narrativa y una lista de verificación para guiar su viaje. Si bien se presenta en un formato lineal, la investigación mostró que las empresas pueden abarcar varias etapas a la vez, dependiendo de sus objetivos, recursos e iniciativas que se superponen. Use este marco para validar, comparar y mapear el progreso de su empresa hacia la alfabetización y el liderazgo digital. Sin embargo, tenga en cuenta que es posible que se encuentre revisando y superponiendo etapas a lo largo del programa y la implementación de la estrategia.

DESARROLLO HISTORICO DE LA TRANSFORMA- CION DIGITAL

Era Binaria o pre - "Digital"

En 1703, Gottfried Wilhelm von Leibniz explicó e imaginó el concepto que se conocería como "digitalización" en su publicación *Explication de l'Arithmétique Binaire*. Inicialmente desarrollado como un sistema numérico utilizando solo dos valores, 0 y 1, el sistema fue desarrollado y complementado por estudios como el de *George Stibitz* durante la década de 1940.

Primeras Computadoras "Digitales"

Hoy, *George Stibitz* es considerado uno de los muchos pioneros de la computadora digital, a través del desarrollo de la primera computadora electromecánica desde su descubrimiento de los relés de computación automáticos, así como el término "digital". La primera computadora electrónica fue introducida por *John Atanasoff* en 1939. El proceso de digitalización se aceleró posteriormente, con el desarrollo de computadoras personales como *Simon* en 1950, Apple II en 1977 e IBM PC en 1981.

Cambio acelerado hacia lo "Digital

Con la introducción de la *World Wide Web*, el alcance, la dimensión, la escala, la velocidad y los efectos de la digitalización cambiaron de manera fundamental, lo que resultó en una mayor presión sobre el proceso de transformación de la sociedad.

En el año 2000, la digitalización comenzó a usarse más ampliamente como un concepto y argumento para una introducción gubernamental general de TI, un mayor uso de Internet y TI en todos los niveles. Un desarrollo similar comenzó en el clima general de negocios para crear conciencia sobre el tema y la oportunidad. Una iniciativa llamada *Mercado Único Digital,* hizo recomendaciones que deberían contribuir gradual y positivamente a la futura transformación de la sociedad, con un desarrollo más moderno de las comunidades y estructuras, y para crear bases para la gobernanza electrónica y la sociedad de la información.

Impacto

El debate en torno a la digitalización, por lo tanto, ha adquirido una mayor importancia práctica para la política, los asuntos sociales y de negocios, y está vinculado a los temas de trabajo para el desarrollo de la comunidad, nuevos cambios en los enfoques de negocios prácticos, oportunidades efectivas para organizaciones en el desarrollo de procesos operativos y de negocios, con efecto en la eficiencia interna y externa de TI solo por nombrar unos pocos. La transformación digital está programada para generar además, miles de millones de dólares durante los años por venir.

DESARROLLO DE LA TRANSFORMA- CION DIGITAL

La digitalización es un subproceso de un progreso tecnológico mucho mayor: la digitalización (la conversión), la digitalización (el proceso) y la transformación digital (el efecto) que aceleran colectivamente el proceso de transformación global y social.

Digitalización (de Información)

En los discursos políticos, comerciales, de la industria y de los medios de comunicación, la digitalización se define como el 'proceso técnico' de "convertir información analógica a forma digital" (es decir, formato numérico, binario, como ceros y unos). El término puede referirse a la digitalización manual de la información, (Ex.: ilustraciones que usan una tableta digitalizadora). La digitalización se explica técnicamente como la representación de señales, imágenes, sonidos y objetos al generar una serie de números, expresados como un valor discreto, y representados por números binarios. La digitalización se introdujo en las redes de telecomunicaciones desde la década de 1970, con el objetivo de mejorar la calidad del sonido de las llamadas telefónicas, el tiempo de respuesta, la capacidad de la red, la rentabilidad y la sostenibilidad.

Digitalización (de Industrias y Organizaciones)

La digitalización es el 'proceso organizativo' o 'proceso empresarial' del cambio inducido por la tecnología dentro de las industrias, organizaciones, mercados y sucursales. La digitalización de las industrias manufactureras ha permitido nuevos procesos de producción y gran parte de los fenómenos conocidos hoy en día como *Internet de las Cosas*, *Internet Industrial*, Industria 2.0, 3.0, 4.0, 5.0, etc., comunicación máquina a máquina y visión artificial. La digitalización de negocios y organizaciones ha inducido nuevos modelos de negocios (como el *freemium*), nuevos servicios de administración electrónica, pagos electrónicos, automatización de oficinas y procesos de oficina sin papel, utilizando tecnologías como teléfonos inteligentes, aplicaciones web, servicios en la nube, identificación electrónica, *blockchain*, *criptomonedas*, contratos inteligentes, y también inteligencia de negocios utilizando *Big Data*. La digitalización de la educación ha inducido al *e-learning* y los cursos *mooc*. | La discusión académica sobre la digitalización ha sido descrita como problemática, ya que no se ha desarrollado previamente una definición clara de los fenómenos. Un error común es que la digitalización significa esencialmente el uso de más TI, para permitir y aprovechar la tecnología y los datos digitales. Esta primera definición, sin embargo, ha sido reemplazada en gran parte por la definición anterior, ahora vinculada a puntos de vista holísticos sobre negocios y cambio social, organización horizontal y desarrollo de negocios, así como a TI.

Transformación digital (de Sociedades)

Finalmente, la transformación digital se describe como "el efecto social total y global de la digitalización". La digitalización ha permitido el proceso de digitalización, que ha dado lugar a mayores oportunidades para transformar y cambiar los modelos de negocios existentes, los patrones de consumo, las estructuras socioeconómicas, las medidas legales y de políticas, los patrones organizativos, las barreras culturales, etc. | La digitalización (la conversión técnica), la digitalización (el proceso de negocio) y la transformación digital (el efecto) aceleran e iluminan los procesos de cambio horizontal y global ya existentes y en curso en la sociedad.

Oportunidades y Retos de la TD

La transformación digital es un gran desafío y una gran oportunidad. Al planificar para la transformación digital, las organizaciones deben tener en cuenta los cambios culturales a los que se enfrentarán cuando los trabajadores y los líderes de la organización se adapten a la adopción y la confianza en tecnologías desconocidas. La transformación digital ha creado desafíos y oportunidades únicas en el mercado, ya que las organizaciones deben enfrentar competidores ágiles que aprovechan la baja barrera de entrada que brinda la tecnología. Además, debido a la gran importancia que hoy se otorga a la tecnología y al uso generalizado de la misma, las implicaciones de la digitalización para los ingresos, beneficios y oportunidades tienen un potencial de crecimiento espectacular. Podemos entender la transformación digital a través de algunos ejemplos del mundo real.

LA TRANSFORMA-CIÓN DIGITAL NO ES SOLO SOBRE TECNOLOGÍA

La base de las seis etapas de la transformación digital que es una propuesta de Altimeter liderado por Brian Solis y compañía, tomó varios años de investigación sobre el tema. Desde el principio, se descubrió que la transformación digital era un esfuerzo centrado en la tecnología, destinado a modernizar y optimizar los procesos y sistemas en todo el ecosistema empresarial. Aunque las empresas siempre han utilizado la tecnología para escalar y mejorar las operaciones, la transformación digital consiste en actualizar y mejorar la capacidad para competir en una economía digital.

Con el tiempo, la democratización de la tecnología también modificó la dinámica del mercado, lo que provocó que las empresas desafiaran sus planes de trabajo de transformación digital existentes. A medida que los comportamientos y las expectativas de los clientes / empleados evolucionaron y cambiaron en consonancia con el uso de las nuevas tecnologías, esto creó la necesidad de estudiar el efecto de lo digital en los mercados y las personas para informar por qué, cómo y en qué medida estas tecnologías disruptivas desempeñaron un papel en la transformación.

> La transformación digital exitosa es impulsada por un propósito claro, una visión y personas motivadas.

No hay una sola manera de buscar la transformación digital, pero sin información, orientación o mejores prácticas centradas en el ser humano, las empresas pueden desviarse. Esto desperdicia tiempo, recursos y ROI potencial. Los agentes de cambio deben salir de sus departamentos y colaborar con otros líderes funcionales y ejecutivos para fomentar un cambio real.

El camino hacia la transformación a menudo está conformado por la persona o el grupo que lidera el esfuerzo, lo que puede limitar la implementación de una transformación global, persistente y significativa en toda la empresa.

Así pues, en el caso de los CIO o *Chief Digital Officers* (CDO), estos pueden impulsar las inversiones digitales desde una perspectiva operativa o tecnológica sin la empatía del cliente o el conocimiento de cómo y por qué las nuevas expectativas, preferencias y valores están interrumpiendo los mercados. Al mismo tiempo, los CMOs pueden invertir en tecnología que amplíe el mercadeo y el compromiso del cliente digital sin darse cuenta de las consecuencias de no involucrar al resto de la organización. Lo mismo es cierto para cualquier esfuerzo liderado o gobernado por una sola faceta de la compañía. | La transformación digital tiene una perspectiva moderna y humana del mercado para guiar la investigación, la colaboración y la innovación multifuncionales en cómo las organizaciones compiten por el mañana… hoy.

LA MADUREZ DE LA TRANSFORMA-CIÓN DIGITAL A TRAVÉS DE LA ALINEACIÓN EN TORNO A UNA EXPERIENCIA HOLÍSTICA DEL CLIENTE

Un imperativo común para los líderes de la transformación digital es comprender a los clientes digitales y sus diferencias, expectativas, comportamientos y predilecciones. Al concentrarse en lo digital, las empresas pueden examinar cómo afecta o altera la trayectoria del cliente conectado e influye en la toma de decisiones en general. En el proceso, los agentes de cambio reconocen las brechas, aíslan la fricción y las oportunidades de la superficie. Esto ayuda a alinear a las partes interesadas en torno a objetivos y metas comunes, asegurar patrocinadores ejecutivos y acelerar las iniciativas de transformación digital.

Sin embargo, los clientes digitales son solo el comienzo. Una vez que los estrategas identifican oportunidades inmediatas en torno a la experiencia del cliente digital (DCX), se abre el camino para el trabajo de transformación digital que puede mejorar la experiencia para todos los clientes. Esto se logra insertando intencionalmente una perspectiva y una metodología centradas en el cliente en las operaciones, la tecnología y los programas de CX (del inglés *Customer Experience*) en toda la empresa.

La transformación digital es más que solo digital; se trata de remodelar las empresas para que sean ágiles, innovadoras y centradas en el cliente desde su núcleo.

LAS EMPRESAS CRECEN DE "NEGOCIOS COMO DE COSTUMBRE" A INNOVACIÓN EMPRESARIAL A LO LARGO DEL CAMINO DE LA TRANSFORMACIÓN DIGITAL

Las seis etapas de la transformación digital reflejan el estado y el progreso de una organización en movimiento. Las etapas están definidas por los elementos de transformación digital que están presentes en la posición actual de una organización o su hoja de ruta inmediata.

Aunque se presentan en seis pasos distintos, las empresas no pueden migrar a través de cada paso en una ruta lineal o a la misma velocidad. Dependiendo de qué grupos o agentes de cambio están liderando esfuerzos específicos, y en qué departamentos, los elementos de transformación digital ocurren a través de las etapas. Como tal, cada fase está definida por conjuntos de atributos que abarcan múltiples facetas de la organización, incluidas las operaciones, CX, alfabetización digital, capacitación / experiencia y tecnología.

Las seis etapas se organizan de la siguiente manera:

"Los Negocios como de Costumbre"

Las organizaciones operan con una perspectiva familiar heredada de clientes, procesos, métricas, modelos de negocios y tecnología, creyendo que sigue siendo la solución para la relevancia digital.

"La Organización Presente y Activa"

Los bolsillos de experimentación están impulsando la alfabetización digital y la creatividad, aunque de manera desigual, en toda la organización, mientras que buscan mejorar y amplificar los puntos de contacto y los procesos específicos.

"La Organización Formalizada"

La experimentación se vuelve intencional mientras se ejecuta en niveles más prometedores y capaces. Las iniciativas se vuelven más audaces y, como resultado, los agentes de cambio buscan apoyo ejecutivo para nuevos recursos y tecnología.

"La Organización Estratégica"

Los grupos individuales reconocen la solidez de la colaboración, ya que su investigación, trabajo y conocimientos compartidos contribuyen a crear nuevos planes de trabajo estratégicos que planifican la propiedad de la transformación digital, los esfuerzos y las inversiones.

"La Organización Convergida"

Se forma un equipo dedicado a la transformación digital para guiar la estrategia y las operaciones basadas en objetivos comerciales y personalizados. La nueva infraestructura de la organización toma forma a medida que se solidifican los roles, experiencia, modelos, procesos y sistemas para respaldar la transformación.

"La Organización Innovadora"

La transformación digital se convierte en una forma de hacer negocios cuando los ejecutivos y los estrategas reconocen que el cambio es constante. Se establece un nuevo ecosistema para identificar y actuar sobre la tecnología y las tendencias del mercado en forma piloto y, eventualmente, a escala.

LA MADURACIÓN DIGITAL REQUIERE PARTICIPACIÓN MULTIDISCIPLINA

El camino hacia la transformación digital madura la organización como un todo a través de la suma de sus partes.

> Cada una de las seis etapas representa elementos clave de <u>atención al cliente</u> y de <u>atención al cliente digital</u> que respaldan la competencia organizacional general.

Individualmente, estas áreas se desarrollan a lo largo del trabajo de transformación digital, y colectivamente forman los pilares del crecimiento que hacen avanzar a las empresas hacia un estado más ágil, innovador y digitalmente competitivo.

La madurez de la transformación digital se centra en los siguientes elementos de la organización:

Gobierno y Liderazgo:
Una infraestructura impulsada por filosofías de liderazgo que determinan el destino de la evolución empresarial.

Personas y Operaciones:
Quién está involucrado en la Transformación Digital (DT), los roles que desempeñan, las responsabilidades que conllevan, y cómo una empresa implementa el cambio y administra la transformación, incluidos sus roles, procesos, sistemas y modelos de soporte.

Experiencia de Cliente:
Los procesos y estrategias dirigidos a mejorar los puntos de contacto a lo largo de todo el viaje del cliente.

Datos y Análisis:
Cómo una empresa realiza un seguimiento de los datos, mide las iniciativas, extrae información y las introduce en la organización.

Integración Tecnológica
Implementando tecnología que une grupos, funciones y procesos para apoyar un CX (*Customer Experience*) holístico.

Alfabetismo Digital:
Formas en que se introduce nueva experiencia en la organización.

ETAPA 1: LAS OPERACIONES DE LOS CLIENTES MANTIENEN EL ESTATUS QUO Y, "LOS NEGOCIOS COMO DE COSTUMBRE"

NEGOCIOS COMO DE COSTUMBRE:

Las empresas en esta fase son increíblemente adversas al riesgo, y la cultura de la organización inhibe la ideación, la experimentación y el espíritu empresarial interno (*"intrapreneurship"*).

En situaciones específicas, el cumplimiento y la regulación también desinflan el pensamiento innovador. Como tal, existe una falta de urgencia y cualquier necesidad de cambiar es ampliamente rechazada o disuadida por el liderazgo.

El crecimiento y el cambio son parte de una hoja de ruta, sin embargo, lo digital es en gran parte subestimado y / o reconocido. El cambio se convierte en programático e impulsado por la tecnología para impulsar la escala y la eficiencia en lugar de estar inspirado por la empatía del cliente. La cultura no solo es adversa al riesgo, sino que también se subestima, se ignora o ambas cosas, y el liderazgo toma decisiones acerca de la estrategia a largo plazo basada en normas y normas empresariales heredadas.

Lo digital no se usa como una directiva formal dentro de un enfoque de transformación digital, ya que las empresas se centran en el valor existente de los accionistas y accionistas. Esto evita cualquier cambio real para iniciar o mantener, lo que también restringe la capacidad de competir por relevancia con una nueva generación de clientes conectados.

ETAPA 1:
"LOS NEGOCIOS COMO DE COSTUMBRE"

IMPACTO EN LOS ELEMENTOS DE LA ORGANIZACIÓN

GOBIERNO Y LIDERAZGO:

Las relaciones interdepartamentales no son colaborativas en la gestión de CX, y la ausencia de una visión holística del cliente promueve los silos.

- El liderazgo rechaza la necesidad de cambio.
- Las operaciones respaldan un enfoque de embudo tradicional para la trayectoria del cliente, enfocando a cada grupo en sus áreas respectivas de iniciativas de atención al cliente o de back-office.
- Los departamentos no colaboran en su trabajo para administrar las experiencias de los clientes, lo que contribuye a un viaje inconexo y anticuado del cliente.
- La alfabetización digital y la experiencia existen en los bolsillos de la organización, pero no son una preocupación principal a nivel ejecutivo.

PERSONAS Y OPERACIONES:

Las responsabilidades y los procesos digitales no están formalizados o adecuadamente soportados.

☐ Si bien no se ignora lo digital, se trata como una directiva a tiempo parcial en trabajos de empleados seleccionados, generalmente para aumentar la escala y la eficiencia.

☐ Los procesos no están formalizados y se basan en fundamentos heredados enfocados en las diferentes necesidades de cada departamento.

☐ Las responsabilidades específicas de lo digital se agregan a los procesos existentes como enmiendas reactivas en lugar de crearse de nuevo para mantener el ritmo de los canales emergentes.

☐ Los adoptadores tempranos se muestran reacios a empujar las nuevas agendas por temor o porque la cultura es adversa al riesgo.

EXPERIENCIA DEL CLIENTE:
La estrategia comercial se centra en las necesidades actuales de los clientes, con estrategias fragmentadas administradas por departamentos individuales.

- Las estrategias de CX se administran (y no se comparten entre) departamentos individuales, lo que crea una vista fragmentada del cliente en toda la organización.
- Se ha realizado una investigación mínima sobre el comportamiento, las preferencias y el camino de compra de los clientes digitales y tradicionales.
- Las organizaciones siguen los planes de trabajo y los procesos que están desactualizados: la tecnología primero, no el cliente, primero.

DATOS Y ANALÍTICAS:
La falta de un enfoque de medición unificado conduce a esfuerzos aislados y un perfil de cliente incompleto.

☐ Una vista del cliente de 360 grados no es una prioridad actual.

☐ Los análisis son puramente una función de informes.

☐ Los departamentos miden los esfuerzos de forma aislada (ventas / CRM, análisis web), pero los KPI no están estandarizados y rara vez se comparten entre grupos de atención al cliente o de apoyo.

☐ Los puntos de vista de la analítica no se aplican de forma estratégica u holística.

INTEGRACIÓN TECNOLÓGICA:
TI controla la mayoría de las hojas de ruta tecnológicas, y los departamentos individuales poseen soluciones digitales experimentales.

- IT, en su mayor parte, posee planes de trabajo de tecnología, y en su mayoría no están operando contra las estrategias de los clientes.
- La nueva tecnología se evalúa por sus características y capacidades y se vincula con los objetivos comerciales en lugar de probar soluciones tecnológicas que faciliten experiencias integradas e integrales para el cliente.
- Las soluciones digitales más prometedoras (freemium o adquiridas) son propiedad de departamentos o grupos individuales y se operan de forma aislada, y muchas de ellas operan en un estado deshonesto.

ALFABETIZACIÓN DIGITAL:

La capacitación en torno a la evolución del cliente digital se mantiene según los estándares existentes.

☐ La capacitación digital y CX opera contra métricas y estrategias heredadas.

☐ No se instituye capacitación formal para digital, dejando todo el aprendizaje ad hoc para aquellos que quieren entender nuevas posibilidades.

☐ La capacitación digital es una adición a los programas de capacitación de mercadeo únicos.

ETAPA 2:
LA NUEVA TECNOLOGÍA ESTALLA LA IMAGINACIÓN Y EXPERIMENTACIÓN A MEDIDA QUE LAS EMPRESAS SE VUELVEN **"PRESENTES Y ACTIVAS"**

PRESENTES Y ACTIVAS:

Estas empresas están evolucionando debido a los agentes de cambio que reconocen nuevas oportunidades y luchan para liderar experimentos dentro de sus respectivos dominios.

Las nuevas tendencias en digital, móvil, social, Internet de las cosas (IoT), etc., inspiran a los primeros usuarios a experimentar con nuevas posibilidades. A veces, esto se hace de forma aislada sin el beneficio de las perspectivas compartidas y las mejores prácticas en toda la organización. Esto se hace para agilizar los juicios sin esperar la aprobación formal, operando bajo la mentalidad de "actuar primero y pedir disculpas más tarde". Estos experimentos empujan los límites y crean un impulso para los programas oficiales de transformación digital.

ETAPA 2:
"PRESENTES Y ACTIVAS"

IMPACTO EN LOS ELEMENTOS DE LA ORGANIZACIÓN

DATOS Y ANALÍTICAS:
El mercadeo y lo digital comienzan a centrarse en el análisis de la experiencia del cliente, y se estudia un inventario de métricas existentes para su superposición.

☐ Las métricas de la experiencia del cliente se investigan y examinan, a menudo a partir del análisis de sentimientos sociales y en línea.

☐ Los datos del cliente para cada canal todavía existen en silos. El enfoque comienza en la adquisición de datos del cliente a través de la escucha social y las iniciativas de *Big Data* para mejorar la trayectoria del cliente y experimentar un punto de contacto a la vez.

☐ La escucha de las redes sociales comienza a identificar las brechas en el compromiso del cliente.

EXPERIENCIA DEL CLIENTE:

La presión competitiva lleva a repensar el enfoque de la empresa para CX, y los líderes experimentan con nuevas estrategias.

☐ Las fuerzas externas promueven la necesidad de examinar nuevos canales.

☐ Se experimentan estrategias sociales, móviles, de respuesta, digitales y de contenido en los grupos respectivos, con algunos intercambios y colaboración entre ellos.

☐ Los departamentos individuales reconsideran su enfoque del compromiso del cliente a través de nuevos canales / redes, lo que lleva a pilotos en estrategias sociales, móviles, web receptivas, digitales y de contenido.

☐ DCX (Experiencia del Cliente Digital) representa una oportunidad prometedora para la innovación inmediata, ya que a lo digital le faltan elementos clave o causa una fricción significativa en el viaje del cliente.

☐ La necesidad de probar el ROI de los programas CX provoca conversaciones entre departamentos que eventualmente llevan a compartir y colaborar.

GOBIERNO Y LIDERAZGO:
Las tecnologías disruptivas introducen nuevas oportunidades para probar y aprender para los agentes de cambio en sus departamentos.

☐ Los primeros usuarios reconocen las tecnologías digitales, móviles y sociales, y todas las tecnologías disruptivas presentan nuevas oportunidades para probar y aprender interna y externamente.

☐ Estos campeones emergentes preparan el escenario para convertirse en agentes de cambio, tomando medidas dentro de sus respectivos departamentos conduciendo pilotos y experimentos.

☐ Los ejecutivos toman nota y se crean alianzas para promover programas de prueba y aprendizaje.

☐ El nuevo trabajo genera inquietud interna y preocupación por el cambio, y los pilotos revelan la necesidad del liderazgo de CX.

PERSONAS Y OPERACIONES:

La experimentación en canales emergentes justifica el rediseño de DCX (Experiencia del Cliente Digital), a menudo contra procesos y jerarquías existentes.

☐ Incluso experimentando a través de pilotos digitales, la compañía todavía opera en silos.

☐ Los experimentos fraudulentos conducen a la estrategia continua y la experimentación y el informe del programa.

☐ Las tecnologías sociales y móviles y las crecientes expectativas relacionadas con los clientes en línea generan la necesidad de doblarse, eludir o experimentar contra los procesos existentes en mercadeo y compromiso con el cliente.

☐ Al examinar los procesos operativos al interactuar con los clientes en línea, se descubren necesidades tangenciales y superpuestas en otros departamentos, como TI, Web y mercadeo (contenido).

INTEGRACIÓN TECNOLÓGICA:
Mercadeo y digital exploran nuevas plataformas, canales y herramientas para la gestión y medición de programas digitales dentro de sus departamentos.

☐ Las áreas de experimentación tecnológica pueden incluir sistemas de gestión de redes sociales, computación en la nube, gestión de contenido, CRM, respuesta al cliente y redes sociales empresariales.

☐ Los líderes desarrollan la competencia en la (s) herramienta (s) de su departamento, pero tienen poca visibilidad de otras tecnologías que se utilizan en la empresa para evaluar el comportamiento, el compromiso y las interacciones de los clientes.

ALFABETIZACIÓN DIGITAL:

Los agentes de cambio buscan inspiración en otras compañías, a menudo a través de eventos, canales en línea y redes.

☐ Los primeros usuarios en los departamentos que exploran el DCX (Experiencia del Cliente Digital) comienzan a buscar los tipos de capacitación que otras compañías están implementando para que los empleados y el liderazgo estén al día.

☐ La educación incluye todo, desde asistir a conferencias y talleres hasta seguir las mejores prácticas hasta unirse a organizaciones / redes educativas o de igual a igual.

☐ Los esfuerzos dispares contribuyen a la necesidad de programas formales de capacitación en torno a la madurez digital. Comienza la campaña y la planificación.

ETAPA 3: UN SENTIDO DE URGENCIA ACELERA EL CAMBIO CON LOS RESULTADOS "**FORMALIZADOS**"

FORMALIZADAS:

El sentido de urgencia para modernizar la experiencia del cliente se acelera. Los adoptadores tempranos y los agentes de cambio se unen para defender la colaboración y la experimentación en grupo.

Los esfuerzos de transformación digital se centran en áreas clave para la exploración y la experimentación. Los agentes de cambio lideran cada área y también colaboran con otros. Las perspectivas conducen al desarrollo temprano de planes de trabajo de transformación digital para priorizar y optimizar las áreas de oportunidad y deficiencia. Las inversiones estratégicas en personas, procesos y tecnología resuelven el trabajo actual y establecen el escenario para un esfuerzo de transformación digital más unificado.

ETAPA 3: "FORMALIZADAS"

IMPACTO EN LOS ELEMENTOS DE LA ORGANIZACIÓN

DATOS Y ANALÍTICAS:
Se identifican las brechas en la medición y se completa un inventario de análisis, lo que lleva a la colaboración de la hoja de ruta interdepartamental.

☐ Los datos del cliente comienzan a informar la toma de decisiones en departamentos seleccionados, y las métricas se vuelven fundamentales para comprender la trayectoria del cliente y optimizar la experiencia.

☐ Se analizan los datos sobre momentos y dispositivos, y los nuevos comportamientos, preferencias y puntos de fricción de los consumidores contribuyen a rediseñar el DCX (Experiencia del Cliente Digital).

☐ Se estudia un inventario de las analíticas existentes entre los departamentos para detectar la superposición, las brechas y las oportunidades de colaboración. La planificación y el desarrollo comienzan a utilizar una hoja de ruta analítica para cerrar las brechas en la medición.

☐ Los hallazgos del análisis de sentimientos se comparten entre los grupos de partes interesadas y se estudia su impacto para determinar las prioridades de DCX (Experiencia del Cliente Digital).

☐ Los líderes en ventas, TI, marketing, servicio al cliente y digital comienzan a colaborar en torno a las necesidades de análisis compartidas.

EXPERIENCIA DEL CLIENTE:
El viaje del cliente se mapea para revelar oportunidades para la transformación digital, con el análisis de datos del cliente que informa las decisiones.

- El debate gira en torno a la importancia de DCX (Experiencia del Cliente Digital) frente a CX tradicional. Esto requiere investigación para inspirar un borrador de visión y declaraciones objetivas para explicar los beneficios de una estrategia digital para toda la empresa y cómo afecta / beneficia el diseño general de la experiencia del cliente.
- El viaje del cliente se mapea para revelar oportunidades y prioridades para la transformación digital y CX tradicional.
- Digital es un impulsor clave para los programas de prueba y aprendizaje inmediato y programas piloto sobre la nueva experiencia del cliente.
- La eliminación de los puntos de fricción y la resolución de oportunidades perdidas son catalizadores comunes en el avance del trabajo de CX.

GOBIERNO Y LIDERAZGO:

Los equipos comienzan a optimizar los esfuerzos y los recursos buscando un patrocinador ejecutivo y reuniendo a otros departamentos.

☐ Los adoptadores tempranos comienzan a convertirse en agentes de cambio a medida que ven el panorama general y comienzan a crear conciencia y alineación para trabajar formalmente hacia él.

☐ Los agentes de cambio, aún enfrentados internamente, comienzan a definir la visión general de la transformación digital.

☐ Los equipos optimizan formalmente los esfuerzos y los recursos al buscar un patrocinador ejecutivo.

☐ El patrocinador y los agentes de cambio invierten en grupos de trabajo formales para evaluar y aprender a través de programas piloto organizados y multifuncionales que generalmente se centran en el DCX (Experiencia del Cliente Digital) y el marketing.

☐ Los agentes de cambio comienzan a ayudar a otros departamentos con programas piloto, ventas y soporte, ayudándolos a encontrar su camino en la mezcla.

PERSONAS Y OPERACIONES:

Las empresas ganan terreno a través de notables programas piloto, aunque todavía dispares.

- El servicio al cliente y el mercadeo comienzan a colaborar para evaluar los procesos operativos para la participación del cliente en los canales digitales.
- La comunicación y colaboración interdepartamental sienta las bases para un modelo RACI conjunto.
- La TI y el mercadeo comienzan a colaborar para acelerar las inversiones y una infraestructura de apoyo para la transformación.

INTEGRACIÓN TECNOLÓGICA:

Las soluciones se compran para ayudar en el desarrollo de la persona, el mapeo de partes interesadas y el mapeo del viaje del cliente a través de puntos de contacto.

☐ Las soluciones como Smaply o Touchpoint Dashboard ayudan a las empresas a comprender mejor la intersección y el flujo de experiencias de los clientes a través de los puntos de contacto.

☐ Las herramientas CX se utilizan principalmente por equipos de marketing, TI o comercio electrónico.

Tools Se están explorando herramientas de *omnicanal* para reemplazar múltiples plataformas que están siendo utilizadas por departamentos dispares para optimizar e integrar mejor los datos compartidos.

☐ TI, marketing, (y / o) CX trabajan juntos para desarrollar una hoja de ruta tecnológica para la escala y la automatización de herramientas en toda la empresa.

☐ Se utiliza una red social empresarial (ESN) en toda la organización para garantizar la cohesión digital interna en el proceso, la estrategia y el compromiso del cliente.

ALFABETIZACIÓN DIGITAL:

La educación ejecutiva se convierte en una prioridad, y se redactan programas de capacitación que se centran en el aprendizaje digital continuo.

☐ La educación ejecutiva se convierte en una prioridad para los agentes de cambio que buscan obtener apoyo para el desarrollo de programas formales de transformación digital.

☐ La capacitación en torno a las reglas digitales de participación se convierte en parte del proceso departamental para nuevos programas e iniciativas de canal (es decir, móvil, social, IoT, etc.).

☐ Los agentes de cambio se asocian con partes interesadas educativas, como jefes de funciones y / o recursos humanos, para trabajar con líderes en marketing, TI, servicio al cliente y grupos de productos para identificar qué experiencia digital existe internamente y para qué se debe contratar (empleado o agencia).

ETAPA 4: EL ESFUERZO POR LA RELEVANCIA ESCALA Y LAS EMPRESAS FORMULAN EL ENFOQUE PARA EL CAMBIO QUE LAS HACE "**ESTRATÉGICAS**"

ESTRATÉGICAS:

Los agentes de cambio han creado con éxito un sentido de urgencia, han ganado patrocinio ejecutivo y ahora tienen la atención del "C-Suite" (*en.wikipedia.org/wiki/Corporate_title*).

Los esfuerzos en la transformación digital se convierten en una prioridad de la empresa. La hoja de ruta se enfoca y se refina mediante objetivos específicos a corto y largo plazo que requieren cambios y producen resultados clave. Este trabajo es apoyado por inversiones dedicadas en infraestructura y operaciones. También se incorporan nuevas habilidades para administrar / ejecutar en la hoja de ruta. La tecnología tiene un propósito y se implementa para impulsar objetivos en lugar de basar los procesos en torno a las capacidades tecnológicas.

ETAPA 4:
"ESTRATEGICAS"

IMPACTO EN LOS ELEMENTOS DE LA ORGANIZACIÓN

DATOS Y ANALÍTICAS:

Las métricas de *omnicanal*, contenido y lealtad ganan importancia a medida que la empresa avanza hacia experiencias integradas en todos los canales y dispositivos.

- La mayoría de los departamentos conocen el trabajo de viaje del cliente que se ha mapeado y desarrollado, y los datos se comparten entre las partes interesadas y los departamentos que lo necesitan.
- Los datos y los análisis ahora se reportan directamente a la suite C para comunicar el progreso y las nuevas oportunidades.
- Las nuevas inversiones en datos en áreas como la analítica de contenido ganada por el propietario pagado y la analítica de programas de lealtad ayudan a monitorear el desempeño en áreas de oportunidad emergentes.
- El Valor de vida útil del cliente (CLV) se reexaminará para los nuevos programas.
- El impacto financiero (creación de ingresos, rentabilidad, y una mayor valoración del mercado) y el establecimiento de objetivos se convierten en una prioridad para los esfuerzos de DCX (Experiencia del Cliente Digital) a medida que los líderes comienzan a rastrear los resultados en varios canales de manera más diligente.

EXPERIENCIA DEL CLIENTE:

DCX (Experiencia del Cliente Digital) y CX son prioridades oficiales, ya que un grupo multifuncional estudia los comportamientos, las preferencias y los intereses compartidos de los clientes.

☐ El viaje continúa siendo optimizado, resolviendo fricciones y oportunidades perdidas.

☐ Esfuerzos para cambiar de un enfoque de embudo a un viaje dinámico del cliente. A medida que se formaliza la experiencia, CX se convierte en una prioridad.

☐ Las discusiones también exploran cómo volver a imaginar el viaje para un mundo móvil, social y en tiempo real: en cada pantalla (*omnicanal*).

☐ La compañía ahora está respondiendo más rápido, estableciendo un plan de trabajo de estrategia digital multianual y RACI centrado en CX y la transformación digital.

GOBIERNO Y LIDERAZGO:
Toda la organización está reconociendo la necesidad de un cambio, y los esfuerzos son más ambiciosos y formalmente organizados.

- A través de la unión de unidades de negocios, la asociación con TI y la presentación de resultados preliminares a los ejecutivos, los agentes de cambio obtienen un "asiento en la mesa" para comunicar la estrategia, el valor y los resultados en evolución.
- El grupo de trabajo de transformación digital expande su huella y enfoque para modificar formalmente los procesos y modelos necesarios para respaldar la escala y la transformación posterior.
- A menudo surge un nuevo rol de Director Digital de Jefe de Experiencia / Oficial de Clientes, o este trabajo se formaliza bajo la alianza CMO / CIO.

PERSONAS Y OPERACIONES:

Hay un impulso notable (y oficial) en este punto, y el cambio es algo que toda la organización está comenzando a reconocer y apreciar.

☐ Hay un enfoque en la responsabilidad hacia las inversiones digitales, con el aprendizaje y las perspectivas que reúnen a los equipos y ejecutivos.

☐ Las inversiones en personas, procesos y tecnología se formalizan para lograr resultados específicos para cada área del viaje del cliente.

☐ Se definen roles y responsabilidades, con nuevos roles y modelos identificados para liderar la transformación en áreas de CX prioritarias, como el móvil.

☐ Se establece un proceso operacional que trata cómo cada silo encaja para trabajar hacia una visión de transformación digital.

☐ Los esfuerzos son ahora más ambiciosos y organizados formalmente, pasando a pilotos oficiales que abarcan todas las categorías que afectan al DCX (Experiencia del Cliente Digital) y más allá (incluidas ventas, servicio / soporte, marketing, recursos humanos, desarrollo de productos y fabricación).

INTEGRACIÓN TECNOLÓGICA:

Las herramientas de *omnicanal* se integran con otras tecnologías y software de CRM para crear una única fuente de datos para el análisis y la colaboración.

☐ Las hojas de ruta de tecnología están alineadas con las hojas de ruta de transformación digital en general para garantizar que la tecnología, los sistemas y el soporte sean priorizados y administrados.

☐ Las herramientas CX *omnicanal* (es decir, IBM *Tealeaf*, *Genesys*, etc) están integradas con otras tecnologías y software de CRM (Oracle / *Salesforce*) para crear una vista única del cliente en cada punto de interacción a través de la recopilación de datos, análisis y colaboración.

☐ Estas herramientas agregan contexto a los compromisos *omnicanal* generalmente fragmentados, lo que en última instancia agrega riqueza y relevancia a CX en cada punto de contacto, independientemente del departamento responsable de la interacción.

ALFABETIZACIÓN DIGITAL:

Los ejecutivos y los departamentos relevantes reciben capacitación digital obligatoria de CX, mientras que Recursos Humanos explora cómo atraer nuevas habilidades y experiencia.

- Los departamentos que trabajan directamente en los esfuerzos de CX digital reciben capacitación obligatoria como parte de un programa educativo sobre las tecnologías digitales en evolución y el aprendizaje persistente.
- El departamento de recursos humanos está capacitado para atraer y gestionar talentos con nuevas habilidades y experiencia. Se evalúan nuevos conocimientos y recursos para desempeñar nuevos roles o capacitar a los empleados existentes para que los cumplan.
- La alfabetización digital es un mandato de todos los grupos que trabajan en la experiencia del cliente, así como los ejecutivos.
- Los ejecutivos están capacitados y alfabetizados digitalmente, a menudo a través de la "mentoría inversa" por parte de empleados más jóvenes y más expertos en tecnología.

ETAPA 5:
LA TRANSFORMA- CIÓN ESTA EN EL ADN A MEDIDA QUE LAS EMPRESAS TOMAN OFICIALMENTE UN ENFOQUE PARA SER **"CONVERGIDAS"**

CONVERGIDO:

El camino hacia la transformación digital ya está en marcha; los nuevos modelos operativos y equipos se crean para unificar roles y procesos dispares, repetitivos o competitivos, al mismo tiempo que agilizan las operaciones para brindar experiencias integradas, coherentes y holísticas a los clientes.

La tecnología es útil tanto en la integración de atención al cliente como en la de back office. La experiencia del cliente se vuelve perfecta gracias al diseño y se enriquece en función de cómo los clientes esperan navegar su viaje. La transformación digital se expande más allá de DCX (Experiencia del Cliente Digital) y ahora abarca toda la empresa y afecta a todas las facetas del negocio: por función y enfoque, líneas de negocio, etc. - a escala.

ETAPA 5:
"CONVERGIDAS"

IMPACTO EN LOS ELEMENTOS DE LA ORGANIZACIÓN

DATOS Y ANALÍTICAS:
Se prueba un proceso para combinar datos de fuentes dispares para crear una vista más completa de la consistencia del cliente y de los canales.

☐ Las mejoras operativas están comenzando a tomar forma como resultado de un enfoque en el análisis.

☐ El lanzamiento y desarrollo de nuevas estrategias y planificación corporativas, de productos, de mercadeo y de servicios dependen de los datos de los clientes *omnicanal*.

☐ Las mejoras se realizan casi en tiempo real, y todas las ideas analíticas impulsan el desarrollo de estrategias futuras.

EXPERIENCIA DEL CLIENTE:

Todos los puntos de contacto de CX se orquestan a través de un mapa de experiencia que subyace a una estrategia de transformación digital unificada.

☐ El viaje del cliente se asigna de nuevo para incluir ahora un mapa de experiencia como modelo para ayudar a organizar todos los puntos de contacto (incluidos los "micro momentos" en tiempo real) que abarcan una experiencia de producto / servicio.

☐ Esto lleva a una mayor innovación alrededor de digital + tradicional como un enfoque singular.

☐ Los datos de los clientes *omnicanal* informan la estrategia comercial en toda la empresa, incluidos los mercados que deben abordarse, la segmentación, la estrategia de productos y el marketing.

☐ La organización ahora está operando al unísono en contra de una estrategia de transformación digital *omnicanal* interdepartamental con CX en su centro.

GOBIERNO Y LIDERAZGO:

Los esfuerzos de transformación digital han reformado la empresa, creando nuevos modelos y estándares de negocios.

- El liderazgo trasciende el movimiento de transformación digital en el establecimiento de una nueva agenda en torno a la cultura y la visión.
- Los agentes de cambio se convierten en líderes de la estrategia de tecnología emergente de la organización.
- La organización está operando de una manera más unificada con la transformación digital liderada / administrada por un cuerpo directivo ("Centro de Excelencia" u otro grupo de trabajo digital) que identifica las sinergias entre los pilotos exitosos y las áreas de oportunidad.
- El equipo de transformación digital continúa brindando coordinación y apoyo interdepartamentales mientras influye en nuevos modelos y estrategias.
- Las TI continúan evolucionando para formar equipos híbridos para expandir la infraestructura DCX (Experiencia del Cliente Digital) / CX.

PERSONAS Y OPERACIONES:

Los esfuerzos de transformación digital se expanden más allá del DCX (Experiencia del Cliente Digital) para incluir la línea de vida del negocio.

- Los esfuerzos de transformación digital se expanden más allá de DCX (Experiencia del Cliente Digital) para incluir el sustento de la empresa, incluido el compromiso de los empleados, el producto, el ERP, etc.
- IT y CX amplían la asociación para guiar y acelerar la identificación de la tecnología y la implementación específica para el viaje del cliente.
- Este movimiento cataliza la creación de una nueva agenda en torno a la cultura y la visión digital.
- Se incorporan nuevos talentos internacionales y agencias externas para reforzar los programas, mientras que se considera que los analistas complementan una estrategia de análisis y datos.
- Se comparten marcos comunes entre departamentos y se identifican áreas de oportunidad.

INTEGRACIÓN TECNOLÓGICA:

Las empresas pasan a tecnologías de "experiencia en la nube" más completas que combinan fuentes de datos para optimizar DCX (Experiencia del Cliente Digital) y la colaboración.

☐ Las empresas pasan a tecnologías de "Nube de experiencia" más completas (es decir... *Oracle, Salesforce* e IBM *Digital Experience Cloud*) que reúnen y almacenan datos de múltiples fuentes Y brindan soluciones para brindar experiencias relevantes, coherentes y optimizadas en todos los canales de participación digitales y tradicionales basados en registros de clientes únicos. Estas herramientas generalmente se adaptan a la industria y los objetivos principales relacionados con la mejora y orquestación de CX.

☐ Los departamentos individuales ya no utilizan otras herramientas únicas para rastrear y responder a los clientes, ya que el software *Digital Experience Cloud* abarca todas las necesidades de datos de los clientes para una toma de decisiones informada y la colaboración de CX en toda la empresa.

ALFABETIZACIÓN DIGITAL:

Todos los empleados están capacitados en la estrategia digital de la empresa y los candidatos son contratados en función de su capacidad para soportar nuevas infraestructuras.

- Todos los gerentes y empleados, independientemente del departamento, están capacitados e informados sobre la estrategia digital de la empresa y se centran en el DCX (Experiencia del Cliente Digital). Se entiende universalmente cómo funciona el DCX (Experiencia del Cliente Digital) en concierto con los programas CX globales para crear una experiencia fluida.
- El liderazgo comprende y respalda el caso de negocios y asigna los recursos continuos en consecuencia.
- El programa educativo ha impactado completamente las políticas y los procesos de Recursos Humanos, ya que los candidatos a contratar se seleccionan en función de su capacidad para admitir nuevos modelos de infraestructura en todo el DCX (Experiencia del Cliente Digital).
- Los nuevos programas se configuran o implementan para identificar las brechas en la experiencia y las necesidades existentes de acuerdo con la hoja de ruta, con programas educativos / de capacitación introducidos para mejorar la fuerza laboral existente.

ETAPA 6:
LA CULTURA DE LA INNOVACIÓN SE CONVIERTE EN LA PRINCIPAL PRIORIDAD A MEDIDA QUE LAS EMPRESAS SE CONVIERTEN EN "INNOVADORAS Y ADAPTATIVAS"

INNOVADORA Y ADAPTABLE:

Lo digital ya no es un estado; en cambio, es parte de cómo compite un negocio, y el trabajo en transformación continúa a medida que la tecnología y los mercados evolucionan.

La innovación se convierte en parte del ADN de la compañía con el establecimiento de equipos formales y esfuerzos para rastrear las tendencias de los clientes y la tecnología. Estas actividades se incorporan a una variedad de programas que van desde programas piloto de prueba y aprendizaje hasta la introducción de nuevos roles / experiencia y asociaciones con e inversiones en nuevas empresas. Luego, los programas impregnan funciones más profundas dentro de la empresa para avanzar continuamente los procesos clave. Las inversiones en personas, procesos y tecnología están vinculadas a las experiencias de negocios, empleados y clientes. Esto ayuda a garantizar un enfoque democratizado y empoderado para el cambio en curso.

ETAPA 6
"INNOVATIVAS Y ADAPTATIVAS"

IMPACTO EN LOS ELEMENTOS DE LA ORGANIZACIÓN

DATOS Y ANALÍTICAS:

Las métricas tangibles que muestran el valor del negocio se aplican para medir a los clientes desde una perspectiva de 360 grados.

☐ Un sistema centralizado *omnicanal* aloja abundantes datos de clientes provenientes de todas las interacciones digitales y sociales. Esto permite una vista única del cliente en toda la organización.

☐ El puntaje neto de promotor (NPS) y métricas similares ahora están relegados para su uso como KPI. Las métricas tangibles que muestran el valor del negocio se aplican para medir a los clientes desde una perspectiva de 360 grados. Estos pueden incluir los puntajes de satisfacción del cliente (CSAT), los puntajes de esfuerzo del cliente (CES) y otras métricas impulsadas por la agencia que miden la efectividad.

☐ La innovación empresarial se convierte en prioridad ya que estos análisis informan la necesidad de desarrollar nuevos modelos, lanzar nuevos negocios e ingresar a nuevos mercados según la necesidad del cliente. Se mide el camino a la innovación.

EXPERIENCIA DEL CLIENTE:

La innovación está impulsada por la unificación de CX en cada punto de contacto, ya que las empresas mejoran continuamente dentro de una cultura de innovación.

☐ La innovación en la organización, desde la suite C hasta los empleados de primera línea, se basa en la unificación de CX en todos los puntos de contacto.

☐ La optimización de CX ahora ocurre en departamentos fuera del mercadeo tradicional, incluyendo ventas, servicios, recursos humanos, productos, legal y más.

☐ La innovación se convierte en prioridad, con líderes que se centran en los canales de participación recientemente adoptados (es decir, comercio móvil, servicio social al cliente y participación de *wearables*).

GOBIERNO Y LIDERAZGO:

Los nuevos modelos, roles e inversiones se desplazan hacia la innovación para acelerar la transformación y las oportunidades de crecimiento.

- La transformación digital está ahora en el ADN de la compañía, abarcando y ampliando a través de todos los departamentos a lo largo del tiempo.
- Los nuevos modelos, roles e inversiones se desplazan hacia la innovación para acelerar la transformación e identificar nuevas oportunidades de crecimiento no convencionales.
- Los grupos de trabajo que una vez se dedicaron a la transformación persisten para abordar las nuevas tendencias en DCX (Experiencia del Cliente Digital).
- Surge un nuevo equipo para centrarse en la tecnología y la innovación del mercado.
- Un modelo de decisión y gestión más plano, en lugar de una jerarquía tradicional, es compatible con la organización.

PERSONAS Y OPERACIONES:

Los nuevos roles se centran en la gestión de la transformación a medida que las empresas estudian de forma proactiva tecnologías disruptivas que pueden catalizar el cambio.

- La transformación es global y global para la empresa, lo que afecta el cambio en la cultura y la visión de la empresa en torno a su nueva definición de "negocio como de costumbre".
- La innovación para servir a todos los clientes, independientemente de los comportamientos digitales, se convierte en un mandato, ya que la ideación y la adquisición de conocimientos son parte del trabajo de todos. Un equipo de Innovación estudia de forma proactiva el surgimiento de nuevas tecnologías y canales que pueden catalizar los cambios en los procesos operativos existentes en todos los departamentos.
- El análisis de la brecha de talento se realiza con regularidad para identificar la experiencia digital que falta en la empresa, y se recurre a Recursos Humanos para reclutar y capacitar en consecuencia.

INTEGRACIÓN TECNOLÓGICA:

La experiencia en tecnología en la nube se integra en todas las funciones, con unidades de negocio (Business Units) involucradas en la selección de nuevas tecnologías que apoyan la innovación.

☐ La tecnología *Experience Cloud* está integrada en TODAS las funciones, no solo en marketing, con unidades de negocio involucradas en la selección, el alcance y la ejecución de las nuevas necesidades tecnológicas en caso de que surjan.

☐ Hay un "propietario" claro de la tecnología CX en un grupo digital multifuncional, que sirve como enlace entre los departamentos que necesitan datos de CX para la estrategia y el despliegue del programa. Las empresas enfocan la innovación en torno a las tecnologías emergentes (es decir, la impresión 3D y la creación de prototipos y el IoT) con un presupuesto independiente que permite un rápido enfoque de prueba y aprendizaje.

☐ Las mejores prácticas tecnológicas, las nuevas herramientas y las técnicas de implementación de los socios de inicio y otros aceleradores de innovación se integran continuamente.

☐ Un equipo de TI avanzado se asocia con el grupo de innovación para probar las nuevas tecnologías a medida que ganan fuerza en el mercado.

ALFABETIZACIÓN DIGITAL:

Todos los empleados tienen las habilidades necesarias para iterar e innovar, ya sean recién contratados, capacitados desde adentro o como parte de una adquisición.

☐ Los nuevos modelos y roles se centran en la gestión de la transformación, incluida la educación y la capacitación continuas para fomentar la innovación continua. La alfabetización digital es ahora una forma de desarrollo comercial y profesional, y la ideación es obligatoria y recompensada a nivel individual, de equipo, departamental y corporativo.

☐ Todos los empleados tienen las habilidades necesarias para iterar e innovar, ya sea que estén contratados para formar un nuevo equipo, entrenados desde adentro o apoyados como parte de una adquisición.

LA TRANSFORMA- CIÓN DIGITAL ES UN VIAJE, NO UN DESTINO

La tecnología ha permitido a los consumidores volverse más móviles, sociales y conectados que nunca. Esto ha cambiado la forma en que interactúan entre sí y con los productos, servicios y empresas. La transformación digital es el equivalente interno de su organización de la evolución del consumidor externo. Abre la puerta a nuevas oportunidades para la innovación en cómo diseñar, integrar y administrar las experiencias de los clientes (y empleados). Pero, la transformación digital y el cambio en general son desalentadores.

Como la transformación digital involucra a muchos departamentos, líderes y un cambio cultural general de una organización, no hay una receta establecida para su estrategia e implementación.

Lo que aquí compartimos fue desarrollado para compartir hitos comunes por parte de líderes en la transformación digital.

Al igual que el inminente viaje del cliente que desarrollará, el camino de una fase a otra no es una experiencia lineal. Utilice a quienes lo hacen mejor como referentes y guías.

Las seis etapas de la transformación digital son un modelo de trabajo para sus próximos pasos. Es una guía de referencia para:

- ✓ Personalizar aún más lo que se presenta aquí a sus desafíos y oportunidades únicas para informar el desarrollo específico de la hoja de ruta.
- ✓ Comparar su empresa con sus compañeros
- ✓ Hacer caso a ejecutivos y colegas.
- ✓ Conducir un sentido de urgencia
- ✓ Obtener información sobre nuevos comportamientos y tendencias
- ✓ Crear alineación
- ✓ Priorizar las iniciativas de transformación digital.
- ✓ Establecer una nueva visión, curso y plataforma para el liderazgo.
- ✓ Desarrollar nuevos modelos, procesos y un propósito para la tecnología y el futuro del trabajo.

Y, siguiendo un modelo de transformación digital, todos los aspectos del negocio evolucionan, incluidas las perspectivas de gestión, roles y responsabilidades, operaciones, trabajo y, en última instancia, cultura. Como resultado, importan más en una economía digital.

Seguir el camino hacia la transformación digital no solo construye una infraestructura resistente para tiempos sin resolver, sino que también promueve la capacidad de:

- ✓ Competir más efectivamente contra competidores existentes y emergentes.
- ✓ Acelere las iniciativas de "salida al mercado" de maneras más relevantes y gratificantes.
- ✓ Evolucione la mentalidad empresarial, los modelos y las operaciones para superar a los competidores.
- ✓ Desarrollar productos y servicios innovadores que eviten las interrupciones.
- ✓ Ofrezca experiencias significativas y valiosas a clientes (y empleados).

Las seis etapas de la transformación digital representan un viaje para evolucionar y avanzar en la tecnología y las tendencias del mercado.

Esta es la verdadera transformación del negocio. Está en la búsqueda continua que hace que el cambio sea menos sobre las etapas resueltas y más sobre una visión, un propósito y una resolución en evolución para involucrar a una generación conectada de clientes y empleados. Los esfuerzos colectivos de individuos y grupos y la colaboración de roles *interfuncionales* son los que allanan el camino para una nueva era de negocios, trabajo y orientación al cliente.

EL CAMINO A LA TRANSFORMACIÓN DIGITAL TOMA UN ENFOQUE "OPUESTO" |

Las mejores prácticas y los puntos en común entre los líderes innovadores ha resultado en un nuevo marco creado y expuesto por Altimeter, llamado LOS FACTORES DE ÉXITO DE LA TRANSFORMACIÓN DIGITAL: así, es cómo las empresas están tomando un ENFOQUE "O.P.P.O.S.I.T.E."

"O.P.P.O.S.I.T.E." es un acrónimo que ofrece a las empresas un enfoque paso a paso para la transformación digital. Significa: **O**rientación, **P**ersonas, **P**rocesos, **O**bjetivos, e**S**tructura, **I**ntuición & Intención, **T**ecnología, **E**jecución.

El marco ofrece información y una nueva comprensión de la tecnología, los datos y el cliente digital. Siguiendo este enfoque "OPUESTO", la transformación digital se vuelve identificable, accesible y alcanzable para las organizaciones.

A continuación, presentamos una descripción general de las ocho "mejores prácticas" de los líderes emergentes y el trabajo que están realizando para que las empresas evolucionen en una economía digital:

Orientación
Establecer una nueva perspectiva para impulsar un cambio significativo.

Gente
Comprender los valores, expectativas y comportamientos de los clientes.

Procesos
Evaluar la infraestructura operativa y actualizar (o modernizar) las tecnologías, procesos y políticas para respaldar el cambio.

Objetivos
Definir el propósito de la transformación digital, alineando a los interesados (y accionistas) en torno a la nueva visión y la hoja de ruta.

Estructura
Formar un equipo dedicado de experiencia digital con roles / responsabilidades / objetivos / responsabilidad claramente definidos.

Intuición & Intención
Reunir datos y aplicar conocimientos sobre la estrategia para guiar la evolución digital.

Tecnología
Reevaluar los sistemas *front-end* y *back-end* para una experiencia integrada y nativa del cliente (y en última instancia, del empleado).

Ejecución
Implementar, aprender y adaptarse para dirigir el trabajo continuo de transformación digital y experiencia del cliente.

Este marco sirve como una guía para agentes de cambio para impulsar la transformación digital. Combinado, además informa el desarrollo de su hoja de ruta de transformación digital. Metafóricamente visualiza su trabajo como una pila, construyendo hacia arriba para cambiar una etapa a la vez. Úselo para dirigir su trabajo en la configuración del DCX (Experiencia del Cliente Digital) y la infraestructura de soporte. A través de sus esfuerzos, la organización se vuelve no solo experta en tecnología, sino también más centrada en las personas.

La compañía se volverá ágil y crea el escenario para la innovación.

Esta es la verdadera transformación, no solo acerca de lo digital. Está en la búsqueda continua que hace que el cambio afecte menos a las etapas y más a la visión, el propósito y la resolución. Es hora de un nuevo paradigma para el liderazgo empresarial, la relevancia y la prosperidad.

EL CICLO DE LA ADOPCION DIGITAL ES PARTE INTEGRAL DE LA TRANSFORMACION DIGITAL

El ciclo de vida de la adopción de tecnología es un modelo sociológico que describe la adopción o aceptación de un nuevo producto o innovación, de acuerdo con las características demográficas y psicológicas de los grupos de adoptadores definidos. El proceso de adopción a lo largo del tiempo se ilustra típicamente como una distribución normal clásica o "curva de campana". El modelo indica que el primer grupo de personas que usa un nuevo producto se llama "innovadores", seguido de "adoptadores tempranos". Luego vienen la "mayoría temprana" y posteriormente la "mayoría tardía", y el último grupo que finalmente adopta un producto se llama "rezagados" o "fóbicos". Por ejemplo, un "fóbico" solo puede usar un servicio en la nube cuando es el único método restante para realizar una tarea requerida, pero es posible que el fóbico no tenga un conocimiento técnico profundo sobre cómo usar el servicio.

HISTORIA DEL CICLO DE ADOPCION DIGITAL

El ciclo de vida de la adopción de tecnología es un modelo sociológico que es una extensión de un modelo anterior llamado proceso de difusión, que fue publicado originalmente en 1957 por Joe M. Bohlen, George M. Beal y Everett M. Rogers y que fue originalmente Publicado solo para su aplicación a la agricultura y la economía doméstica basándose en investigaciones anteriores realizadas allí por Neal C. Gross y Bryce Ryan. Beal, Rogers y Bohlen desarrollaron juntos un modelo llamado proceso de difusión y más tarde, Everett Rogers generalizó su uso en su aclamado libro 1962 *Diffusion of Innovations*, Describiendo cómo las nuevas ideas y tecnologías se difunden en diferentes culturas. Desde entonces, otros han usado el modelo para describir cómo se propagan las innovaciones.

Los perfiles demográficos y psicológicos (o *"psicográficos"*) de cada grupo de adopción fueron especificados originalmente por Beal y Bohlen en 1957 en el contexto de "granjas". El informe resumió las categorías como:

> **Innovadores**: tenían fincas más grandes, más educados, más prósperos y más orientados al riesgo
> **Adoptadores Tempranos**: más jóvenes, más educados, tendían a ser líderes comunitarios, menos prósperos
> **Mayoría Temprana**: más conservadora pero abierta a nuevas ideas, activa en la comunidad e influencia para los vecinos
> **Mayoría Tardía**: mayor, menos educada, bastante conservadora y menos socialmente activa
> **Rezagados**: muy conservadores, tenían pequeñas granjas y capitales, más antiguos y menos educados

El modelo se ha adaptado posteriormente para muchas áreas de adopción de tecnología.

ADAPTACIONES DEL MODELO DE ADOPCION DIGITAL

El modelo ha generado una gama de adaptaciones que extienden el concepto o lo aplican a dominios específicos de interés. En su libro Crossing the Chasm, Geoffrey Moore propone una variación del ciclo de vida original. Sugiere que para las innovaciones discontinuas, que pueden resultar en una interrupción de Foster basada en la curva-s, existe una brecha o un abismo entre los dos primeros grupos adoptantes (innovadores / adoptadores tempranos) y los mercados verticales. La interrupción que se usa hoy en día es de la variedad Clayton M. Christensen. Estas interrupciones no están basadas en la curva-s- En tecnología educativa, Lindy McKeown ha proporcionado un modelo similar (una metáfora del lápiz) que describe la incorporación de las TIC en la educación. Wenger, White y Smith, en su libro Hábitats Digitales: tecnología de administración para las comunidades, hablan de administradores de tecnología: personas con un conocimiento suficiente de la tecnología disponible y las necesidades tecnológicas de una comunidad para administrar la comunidad a través del proceso de adopción de tecnología. Rayna y Striukova (2009) proponen que la elección del segmento de mercado inicial tiene una importancia crucial para cruzar el abismo, ya que la adopción en este segmento puede llevar a una cascada de adopción en los otros segmentos. Este segmento de mercado inicial debe, al mismo tiempo, contener una gran proporción de visionarios, ser lo suficientemente pequeño para ser observado desde dentro del segmento y desde otro segmento y estar lo suficientemente conectado con otros segmentos. Si este es el caso, la adopción en el primer segmento irá progresivamente en cascada hacia los segmentos adyacentes, lo que provocará la adopción por parte del mercado masivo.

https://en.wikipedia.org/wiki/Technology_adoption_life_cycle

5 EXPERIMENTOS* PARA LA TRANSFORMA- CIÓN DIGITAL

*...inspirado en la propuesta de Value proposition Design de Alexander Osterwalder

APRENDER CON PRODUCTOS MÍNIMOS VIABLES (MVPS) - FUNCIONALES

Use prototipos diseñados específicamente para aprender de los experimentos con posibles clientes y socios.

PÁGINA DE ATERRIZAJE (LANDING PAGE)

Sitio web que describe su propuesta de valor imaginado (principalmente con un CTA o un Llamado a la Acción).

CAJA DE PRODUCTO (PRODUCT BOX)

Prototipo de embalaje de tu propuesta de valor imaginado.

VÍDEO ( )

Video que muestra su propuesta de valor imaginado o que explica cómo funciona

PROTOTIPO DE APRENDIZAJE (LEARNING PROTOTYPE)

Prototipo funcional de su propuesta de valor con el conjunto de funciones más básico requerido para el aprendizaje.

MAGO DE OZ (WIZARD OF OZ)

Configurar un frente que parezca una propuesta de valor de trabajo real y realice manualmente las tareas de un producto o servicio normalmente automatizado.

EL MANIFIESTO DEL AGENTE DE CAMBIO DIGITAL: CÓMO LAS PERSONAS DETRÁS DE LA TRANSFORMACIÓN DIGITAL LIDERAN EL CAMBIO DESDE DENTRO

El fenómeno de la tecnología en una era de darwinismo digital y la sociedad que evoluciona más rápido de lo que las organizaciones pueden adaptarse, están cada vez más comprometidas con el futuro al invertir en su transformación digital.

Sin embargo, en la mayoría de las organizaciones, el esfuerzo de transformación digital a menudo se lleva a cabo en zonas aisladas, a veces con poca coordinación y colaboración en toda la empresa. Aun así, estos movimientos son importantes y, a menudo, impulsados por sus propios intereses. Estas personas son los *"agentes de cambio digital"* y representan el futuro de la organización.

Mientras que los agentes de cambio están bien versados en todo lo digital, por lo general, adquieren liderazgo y cambian las habilidades de gestión sobre la marcha a medida que aprenden a manejar los desafíos de comportamiento. Sin embargo, no hay diferentes tipos de agentes de cambio, ya que cada uno trae diferentes habilidades, objetivos y aspiraciones. Pero todos viajan juntos, sirviendo como recolectores de datos y narradores, personas influyentes y creadores de casos, constructores de relaciones y campeones de la transformación digital. Con el apoyo y la guía de C-Suite, los agentes de cambio difunden la alfabetización digital, impulsan la colaboración entre silos, construyen puentes internos con los ejecutivos y ayudan a acelerar el progreso de su organización en las seis etapas de la transformación digital que fueron expuestas inicialmente por Altimeter.

Se ha descubierto que detrás de cada empresa en evolución, hay una narrativa humana, rica en historias de personas que aprenden, luchan y finalmente dominan una estrategia de transformación digital unificada. A menudo somos conscientes de la necesidad de cambiar la forma en que trabajan y compiten. Muchos comenzaron como defensores digitales y, con el tiempo, se convirtieron en transformadores experimentados.

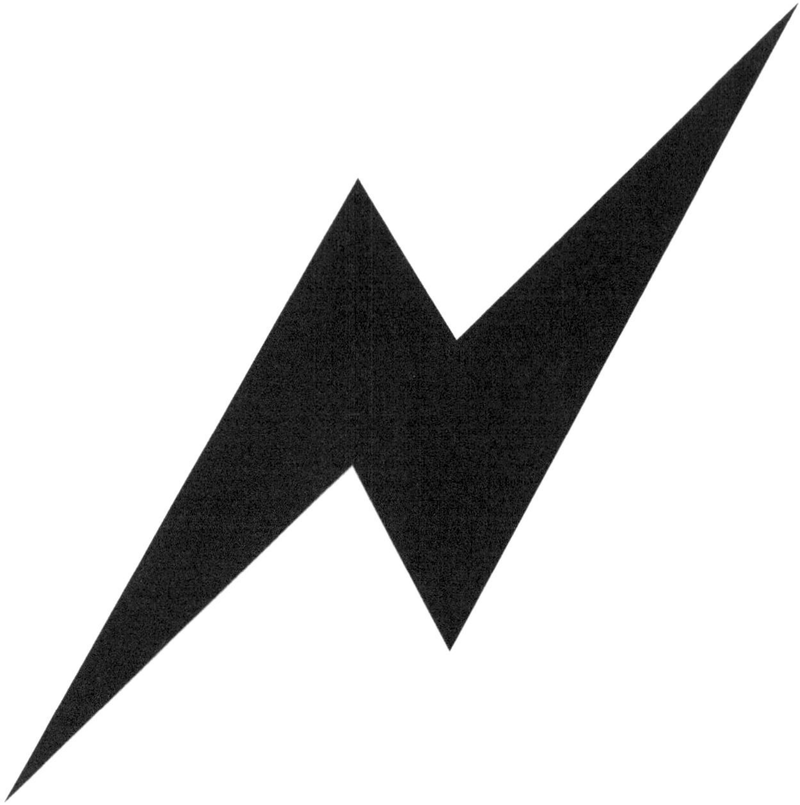

PARA DESTACAR SOBRE LA TRANSFORMA-CION DIGITAL Y SUS AGENTES DE CAMBIO

- Si bien la transformación digital es una de las tendencias más grandes en los negocios hoy en día y las empresas están invirtiendo fuertemente en nuevas tecnologías e innovaciones, muchas todavía lo hacen como un esfuerzo de base impulsado por individuos ingeniosos (agentes de cambio digital) en toda la organización.

- Los agentes de cambio digital son apasionados de las innovaciones digitales y de los fervientes creyentes en su potencial para ayudar a que la organización tenga éxito, pero a veces se muestran reacios a asumir una función de liderazgo o de gestión del cambio.

- Los agentes de cambio se pueden lanzar desde cualquier lugar de la organización y, a menudo, comienzan como defensores digitales (empleados que introducen nuevas ideas o productos) y eventualmente progresan hacia transformadores experimentados.

- Para obtener apoyo en toda la organización, los agentes de cambio se dan cuenta rápidamente de que deben adquirir habilidades básicas de gestión de cambios si desean garantizar la multifuncional, la colaboración y el liderazgo.

- Los agentes de cambio a menudo asumen funciones informales (recolectores de datos y narradores de historias, personas influyentes y creadores de casos, constructores de relaciones y campeones) para navegar por los aspectos humanos del cambio y la transformación digital.

- Al tratar de reunir apoyo para las iniciativas de transformación digital, los agentes de cambio eventualmente aprenden a enfrentar a los detractores y manejar los desafíos de comportamiento en los demás y en ellos mismos.

▶ Los líderes deben identificar y apoyar públicamente a los agentes de cambio para hacer de la transformación digital de toda la empresa un mandato.

Los agentes de cambio deben operar en un esfuerzo de transformación digital, acelerar el cambio y minimizar las complicaciones y las infracciones:

01. ACEPTAR SER UN CATALIZADOR
02. ORGANIZARSE CON OTROS AGENTES DE CAMBIO
03. APRENDE A HABLAR EL IDIOMA DE LA C-SUITE
04. HACEN ALIADOS
05. DIFUNDIR LA ALFABETIZACIÓN DIGITAL
06. CREAR UNA HOJA DE RUTA DE TRANSFORMACIÓN DIGITAL
07. VINCULAR LOS ESFUERZOS DE TRANSFORMACIÓN DIGITAL A LOS OBJETIVOS EMPRESARIALES Y PERSONALES
08. MÉTRICAS E HITOS ESTABLECIDOS
09. DEMOCRATIZAR LA IDEACIÓN
10. CAPITALIZAR SUS PROPIOS "SUPER PODERES" INHERENTES

AGENTES DE CAMBIO DIGITAL, TRANSFORMA- CIÓN DIGITAL Y GESTIÓN DE CAMBIO

¿RESISTENCIA?

Innovadores digitales en toda la organización, inicialmente, sin mandato oficial.

Como resultado, los esfuerzos de los innovadores digitales a menudo se ven obstaculizados por una cultura organizacional que es adversa al riesgo y que tarda en cambiar. Sin embargo, no todos creen en el cambio ni necesitan aprender o incluso desaprender habilidades y perspectivas para competir por el futuro. Cualquier esfuerzo por cambiar llega a las personas, y en ausencia de un liderazgo de apoyo, las personas generalmente forman obstáculos.

Para tener verdadero éxito, los esfuerzos de transformación digital deben apoyarse con habilidades de gestión del cambio, procesos y liderazgo. Estos innovadores digitales auto-impulsados, y con frecuencia auto-empoderados, se dan cuenta rápidamente de que simplemente ser apasionado por las nuevas tecnologías y tener experiencia en implementarlas no es suficiente. Eventualmente, están aprendiendo a lograr una transformación digital significativa, a involucrarse más en la gestión del cambio, en cambiar los aspectos culturales de sus organizaciones, como agentes de cambio.

Estos agentes de cambio aportan nuevas ideas, mentalidades, experiencia y experiencia en forma digital a sus organizaciones y son el catalizador de iniciativas muy audaces que impulsan su éxito. Construyen puentes con C-Suite y otras partes interesadas clave para hacer que las innovaciones digitales ocurran. Pero su camino no es sencillo. No son expertos en gestión del cambio, sino que ayudan a otros en la organización a aprender, desaprender y adoptar nuevas formas de pensar y trabajar para generar una transformación.

Sin embargo, esa transformación debe realizarse de tal manera que, incluso si resulta en un cambio constante, aún preserva la integridad de sus organizaciones.

¿Cómo moverse con velocidad y aún tener el control y balance necesarios?

¿De dónde provienen los agentes de cambio digital?

La transformación digital requiere innovadores digitales que puedan hacer que las cosas sucedan, y ayudar a otros, a cumplir con los estándares del mañana. Deben enseñar e inspirar a sus colegas o crear un sentido de urgencia para obtener apoyo y allanar el camino para una estrategia de transformación digital más formal.

Si bien algunos agentes de cambio nacen como líderes que quieren cambiar sus organizaciones digitalmente, muchos se convierten en agentes de cambio de mala gana.

Sus pasiones se encuentran en la tecnología y no necesariamente en el aspecto político de la vida organizacional. No siempre están interesados en ingresar o están interesados en operar como parte de una iniciativa de gestión de cambios sancionada. Un director sénior de innovación en una marca global, dice: "Mi pasión no es como agente de cambio, porque ese es el papel de quienes logran *acuerdos para apoyar una decisión*". Desafortunadamente, cuando se tiene un rol en la innovación en un entorno corporativo, no puedes tener el rol de explorador sin el rol de agente de cambio.

Los agentes de cambio digital pueden surgir desde cualquier lugar de una organización. El mercadeo y la TI tienden a ser líderes en tecnología innovadora desde el principio, generalmente impulsados por la necesidad de modernizar el mercadeo y la experiencia del cliente (CX), por lo que muchos agentes de cambio provienen de las áreas del negocio.

Pero cualquier persona podría hacerlo, siempre que desarrolle programas digitales, infraestructura y capacidades como parte de su trabajo o porque simplemente les apasiona convertirse en un agente de cambio digital.

"Lo digital no es propiedad de un solo departamento"

Todos lo tenemos juntos, y eso tiene que ser parte de nuestra estructura y de cómo gestionamos el cambio.

Nuestras conversaciones con agentes de cambio en empresas de muchas industrias revelan que cuando se trata de esfuerzos de transformación digital, hay dos formas comunes en que los innovadores digitales se convierten en agentes de cambio:

> DESDE EL NIVEL MAS BASICO: Los agentes de cambio digital se elevan por encima de sus responsabilidades diarias, persiguen proyectos innovadores sin la aprobación oficial como un medio de "hacer lo correcto" en digital. Estos esfuerzos se llevarán a cabo en el futuro, pero las unidades C-Suite y de negocios no se beneficiarán de su trabajo.

> NOMBRADO POR EJECUTIVOS: Los líderes encargados de esfuerzos digitales discretos impulsan el cambio dentro de su dominio de influencia. A pesar de que están trabajando en una capacidad oficial, su trabajo es "local", centrado en áreas comerciales específicas y no solo expuesto a otras áreas o equipos.

PORTAFOLIO DE AGENTES CAMBIO PARA LA TRANSFORMA - CION DIGITAL

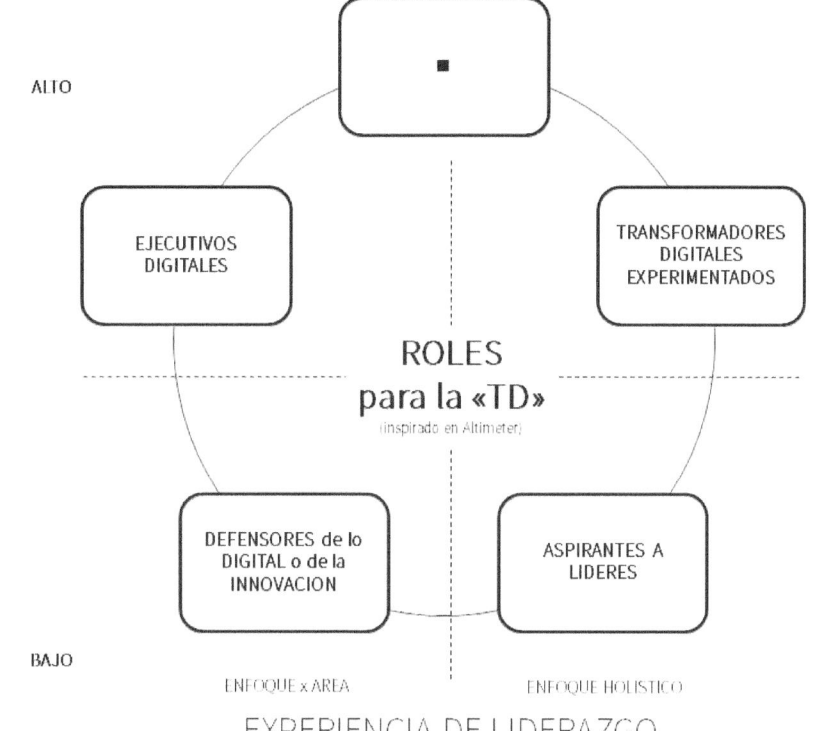

No hay un solo tipo de agente de cambio.

Cada uno de ellos cuenta con diferentes habilidades, objetivos, aspiraciones y experiencia de gestión; si bien su camino no es lineal, se ha progresado a través de:

ABOGADOS DIGITALES / DE LA INNOVACIÓN:

Las personas apasionadas por la innovación digital difunden activamente la palabra sobre su potencial a colegas y ejecutivos. Aunque se dan cuenta de que no hacer nada no es una opcion.

EJECUTIVOS DIGITALES

Personas que tienen la tarea de dirigir los esfuerzos digitales en roles, grupos o unidades de negocios específicos y están motivadas a ampliar sus puntos de vista sobre su esfera de influencia. Pero no están naturalmente inclinados a implementar tácticas de gestión de cambios para inspirar la transformación digital en toda la empresa.

LÍDERES DE ASPIRACIÓN

Se dan cuenta de que su experiencia puede ser beneficiosa para el resto de la organización, aprenden a navegar las relaciones corporativas para mejorar y mejorar, para reunir apoyo y colaborar con otros. En resumen, aprenden cómo alinear su experiencia en innovación digital y su pasión con las iniciativas de gestión del cambio para abogar por la transformación digital en toda la organización.

TRANSFORMADORES DIGITALES EXPERIMENTADOS

Los aspirantes a líderes que dominan el arte de la gestión del cambio, a veces, son promovidos a la posición de ayudar a reunir a las personas adecuadas y de alinearse entre sí de una manera mutuamente beneficiosa y productiva. En resumen, construyen y gestionan formalmente la transformación digital.

"la práctica hace al maestro"
- de la cultura popular

Los agentes de cambio podrían comenzar como están, con la experiencia, ambición y apoyo digitales correctos de sus colegas, y finalmente aprenderán a convertirse en líderes con experiencia tanto en la transformación como en el cambio en la gestión digital. Estos agentes de cambio que comienzan sus viajes como ejecutivos digitales se componen de su propio dominio de discapacidad. *Adam Brotman* primero dirigió un equipo multifuncional en *Starbucks*. "Esa iniciativa funcionó bien, y catalizó, moviéndose a la web, donde se encargaron de averiguar cómo se ve nuestra estrategia web móvil y cómo se relaciona con nuestros grupos de lealtad y pago". "A partir de ahí, creció rápidamente". El uso del mandato de su equipo para implementar una estrategia móvil como catalizador para crear grupos de trabajo multifuncionales permitió crear el impulso necesario para ayudar a la empresa a enfocarse en en lo digital holístico.

LOS ROLES CRÍTICOS DE LOS AGENTES DE CAMBIO PARA LA TRANSFORMACIÓN DIGITAL

COMPARTA UNA SUPERPOTENCIA COMÚN:

La capacidad de asumir las siguientes funciones informales para navegar los aspectos humanos del cambio. Fomente la agilidad, infunde confianza y promueva la comunicación y la colaboración en sus organizaciones:

RECOLECTOR DE DATOS Y NARRADOR

Los agentes de cambio exitosos se convierten en narradores de historias, recolectan datos y los traducen en información *relatable* para que las partes interesadas tomen medidas.

INFLUENCIADOR Y FABRICANTE DE CASOS

Las organizaciones son en gran medida adversas al riesgo y, a menudo, adoptan una postura no oficial de resistencia al cambio y la innovación. Creando un sentido de urgencia.

CONSTRUCTOR DE RELACIONES

Los agentes de cambio no esperan que todos lo "entiendan" y suban a bordo. Todavía se muestran escépticos ante la necesidad de una transformación digital o tienen conocimientos digitales. Escuchan con empatía sus preocupaciones.

CAMPEON

El cambio es complejo, difícil y, a menudo, "derrotado"; requiere campeones para inspirar y progresar en toda la organización. Los agentes del cambio adoptan este papel como campeones de la transformación digital. Pero también deben ser su propio campeón para mantener el ánimo y centrarse en sus objetivos.

RETOS COMUNES QUE ENFRENTAN LOS AGENTES DE CAMBIO PARA LA TRANSFORMACION DIGITAL

Esperan un cambio en su actitud hacia el futuro de sus esfuerzos de transformación digital, por defecto, para desafiar el *status quo* y generar reacciones diversas y rápidas de colegas y ejecutivos por igual. Especialmente en la forma de oposición, obstáculos, e incluso sabotaje.

> *"todos piensan en cambiar el mundo, pero nadie piensa en cambiarse a sí mismo"*
> - Leo Tolstoy

"*La transformación digital es más un problema de personas que un problema de negocios*" dice Adrian Parker.

Los defensores digitales convertidos en agentes de cambio, especialmente, a menudo se encuentran en un estado de discapacidad. No suelen ser psicólogos, maestros de la persuasión o facilitadores hábiles. En sus esfuerzos por preparar sus organizaciones para el futuro, a menudo se les hace perder el equilibrio cuando otros no ven la necesidad de un cambio.

Aquellos que han sido entrevistados, observaron retos consistentes de comportamiento tanto en ellos como en otros estos retos tuvieron que aprenderse a manejar con el propósito de inspirar a otros efectivamente al cambio.

MANEJANDO EL EGO

La autoestima o el sentido de importancia personal de una persona pueden encontrarse en el camino entre la visión y el progreso. Cuando el ego de una persona está fuera de control, se manifiesta como arrogancia, ignorancia u orgullo en la seguridad, los celos y la constante necesidad de validación. Los egotistas, especialmente, creen que son todo, que trabajan más duro o que son más inteligentes o mejores que los demás. Hacen excusas y echan la culpa cuando las cosas no salen bien.

Manejar el propio ego del agente de cambio: Cuando cambian de opinión, tienen dificultades para ganar credibilidad y confianza con sus colegas a lo largo del tiempo. Pero si los agentes de cambio muestran muy poco ego, entonces se encuentran con una falta de confianza en sí mismos, lo que dificulta su potencial de liderazgo a largo plazo. Para tener éxito en sus esfuerzos de transformación, los agentes de cambio digital deben aprender a dejar de lado su ego y sus ambiciones personales para el mayor bien de la organización. Al controlar su propio ego y mostrar humildad y benevolencia, los agentes de cambio desarman los egos de otras personas y se ganan su confianza y respeto.

Manejando el ego en colegas: Es probable que los agentes de cambio encuentren muchos problemas. Los egotistas no quieren estar equivocados, tienden a autopromocionarse y tienen un círculo interno fuerte. Para obtener con éxito el apoyo de estos colegas, los agentes de cambio deben reconocer su experiencia (elogiarlos, buscarlos como mentores, etc.) y deben comportarse de manera inclusiva pidiéndoles que desempeñen un papel para liderar el camino.

MANEJANDO EL MIEDO

El miedo sirve como un mecanismo de autoprotección, ya que lleva a las personas a creer que el cambio o la posibilidad de falla pueden amenazar su estado o posición (o la de sus compañías).

Manejando el propio miedo del agente de cambio: Algunos agentes de cambio reacios están demasiado asustados como para mover el bote o no sienten que es su lugar para generar ideas audaces. De hecho, temen no conseguir apoyo para sus ideas. Pero los agentes de cambio deben confiar en su experiencia digital y aprender a hablar con autoridad. Son claves para su éxito al darse cuenta de que el fracaso conduce a nuevos aprendizajes y experiencias; no es lo mismo que fallar completamente a la empresa o sus carreras. Deben aprender a redefinir lo que significa "fracaso".

Manejando el miedo en colegas: Para muchos colegas, la transformación digital puede parecer, en el mejor de los casos, riesgosa para toda la organización o, en el peor, potencialmente amenazadora para su trabajo o incluso para sus trabajos. Estos colegas podrían reaccionar al intento del agente de cambio de reunir apoyo para la transformación digital con medidas de autoconservación y obstáculos. Los agentes de cambio deben poder manejar las comunicaciones de estos colegas a través del proceso de transformación digital. Deben asegurar a sus colegas que ellos y sus ejecutivos tienen su respaldo.

MANEJANDO EL SESGO

Los científicos del comportamiento y los psicólogos han identificado sesgos comunes que impiden que las personas acepten nuevas ideas y adopten cambios.

Estos incluyen:
- "Confirmación": interpretar la información nueva como confirmación de las ideas preconcebidas, creencias o teorías existentes.
- "Anclaje": se basa en la sensación inicial y se bloquea en esta reacción.
- "Grupalidad": tomar decisiones o adoptar ideas como grupo; especialmente, cuando varias personas comparten una aversión a una nueva idea, se convierte en el estándar para el grupo.
- "Pérdidas": prefiriendo evitar pérdidas en lugar de adquirir ganancias potenciales.
- "Actualidad": otorga mayor valor a las ganancias a corto plazo sobre el valor a más largo plazo.

Gestión del sesgo propio del agente de cambio: Todos, los agentes de cambio se ven afectados por el sesgo de confirmación. Están observando la transformación digital, y cuando otros no están de acuerdo con ellos, tienden a reaccionar con incredulidad o frustración. Es difícil ver por qué los colegas no quieren cambiar cuando está claro. Para superar el sesgo de uno, los agentes de cambio deben reconocerlos primero, estén conscientes o no. Con los prejuicios hacia ellos, los agentes de cambio deben permanecer abiertos y no saltar a conclusiones. Deben abrazar el diálogo, hacer preguntas y estar abiertos y cómodos con los desacuerdos. Deben rodearse de personas con opiniones diferentes.

Manejo del sesgo en los colegas: Es probable que los agentes de cambio se separen de un colega. Es posible que no se resistan a otras personas en el mundo porque no saben quiénes son. La organización también es escéptica. Para contrarrestar este tipo de sesgo, aconseja a los agentes de cambio: "Combine su trabajo con lo que buscan". Para ayudar a los demás a ver más allá de un sesgo en particular, no es suficiente decir: "Seamos tan objetivos e imparciales como posible" / "Los agentes de cambio deben comprender la motivación de otras personas y sacar a la luz lo que puede ser una nueva iniciativa o idea.

MANEJANDO LA DUDA

La duda puede ser paralizante. Es increíblemente difícil superar los hechos. Es difícil saltar al agua, donde no hay pautas, estándares o incluso conocimientos básicos en los que confiar. Este sentimiento a su vez se convierte en duda. Por lo tanto, la duda puede surgir de la falta de confianza en uno mismo en lugar de la falta de experiencia real, también conocida como el "síndrome impostor".

Administrar la propia duda del agente de cambio: Si bien algunos agentes de cambio digital son tipos alfa, otros son reacios a reunir a las personas y liderar el cambio. Estos agentes de cambio pueden volverse demasiado sensibles a cómo los demás ven sus habilidades de liderazgo o sienten que están siendo juzgados. Para progresar, los agentes de cambio deben aprender a trabajar con aquellos que no sienten que pueden aprender y los que se niegan, pero deben aprender a no tomar la resistencia o el juicio de esas personas personalmente o dejar que afecten su confianza.

Manejando la autoduda en colegas: La alfabetización digital no siempre está extendida en toda la organización. Muchos colegas saben que el mundo se está "volviendo digital" pero son conscientes de que no entienden completamente las implicaciones de eso para la organización o incluso para su trabajo. Esto les hace dudar de sí mismos. Para gestionar la duda en los colegas, los agentes de cambio deben ser mentores, ayudarlos a adquirir conocimientos digitales y animarlos a creer.

Algunos de los desafíos de comportamiento en el viaje, el mayor obstáculo, son los detractores. El sabotaje cambia, socava el progreso y envenena la cultura al inculcar dudas y escepticismo sobre los esfuerzos de transformación digital. El ego y el miedo alimentan los deseos de los detractores de oponerse a los esfuerzos de los agentes de cambio. Son críticos generalizados, que proyectan sus propios valores y la confianza en sí mismos en los demás para impedir o desbaratar el cambio. Aunque parezca contrario a la intuición, aprenda a manejar detractores, agentes de cambio o cerrar sus comentarios. Es mejor dejarlos hablar, dar rienda suelta a su motivación para cambiar su organización y sus intentos de transformar su organización en una red. "Los críticos más entusiastas pueden convertirse en tus mayores defensores si pasas tiempo con ellos". Los agentes de cambio también pueden desarmar a los detractores al estar informados, seguros y sinceros cuando se comunican con ellos, nunca los confronte. Si esto todavía no los desarma, deben proceder sin el apoyo del detractor, documentando sus esfuerzos para construir un caso que demuestre el ROI para ganar otro apoyo influyente. Sobre todo, los agentes de cambio deben buscar los objetivos inmediatos y a largo plazo. Se cree que la creación de credibilidad y apoyo dentro de la organización es fundamental: El primer paso sería volar por "debajo del radar", poner "puntos en la pizarra", alinear lo que está haciendo con la misión principal de compañía, y enfatizar esa alineación mientras que quienes sabotean el programa están saboteando algo directamente alineado con la agenda del CEO.

Los Agentes de Cambio necesitan apoyo…

Aunque los agentes de cambio digital eventualmente se vuelven expertos en la gestión de desafíos y enfrentan detractores, necesitan la ayuda de la parte superior para ayudar verdaderamente a la organización a progresar a lo largo de las Seis Etapas de la Transformación Digital; no pueden afectar positivamente la transformación por sí mismos.

Por lo tanto, los líderes experimentan combinándolos con mentores y colaboradores que son gerentes de cambio con experiencia. Sin hacer eso, los agentes de cambio pueden improductivamente, sentirse impugnados y perder su impulso con el tiempo. No aprovechar totalmente a un individuo con potencial, puede tener un profundo impacto en su confianza y en si mismo. Hay que salir de la zona de confort, tanto geográfica como profesionalmente. Es importante estar en un entorno, y con personas, donde no se puede ver lo que sabemos. A veces se necesita hacer un movimiento para involucrarse. Sentir que sus talentos no son buenos para ser usados, puede forzar a alguien a abandonar una organización. La transformación digital es para progresar, el C-Suite debe respaldar a los agentes de cambio de manera verbal y pública; cuando estos dos grupos convergen, el cambio real no es posible, sino un mandato.

EL MANIFIESTO DEL AGENTE DE CAMBIO DIGITAL

La clave, es operar con un propósito, crear una alineación, brindar valor y generar nuevos conocimientos y experiencia.

Todos los agentes de cambio que se pueden utilizar en el proceso de transformación digital en toda la organización, intentando construir una cultura de innovación digital, o simplemente tratando de abordarla.

1. ABRAZAR EL HECHO DE SER UN CATALISTA.

Las organizaciones son en gran medida aversas al riesgo por el diseño, lo que hace que la transformación digital en toda la empresa sea un desafío para la mayoría de las empresas y para muchos agentes de cambio digital. A pesar de que tienen una visión para el futuro, a menudo operan en su zona de confort, lo que hace que sea difícil tener un rol externo. Solo cuando los agentes de cambio aceptan el cambio con otros en la organización y los ayudan a superar su renuencia al cambio.

Los agentes de cambio efectivos deben convertirse en constructores de puentes, guiar y capacitar a otros para que cambien. Para hacer eso, deben aprender a navegar la dinámica humana. Deben comprender las perspectivas, creencias y realidades de sus colegas para encontrar un terreno común con ellos.

2. ORGANIZAR CON OTROS AGENTES DE CAMBIO

La transformación digital, al igual que cualquier iniciativa de gestión de cambios, requiere soporte en toda la organización. Conseguirlo no siempre es fácil. Los colegas pueden ser territoriales. Pueden guardar información o procesos, reclamando la propiedad sobre ellos. Por eso es importante que los agentes de cambio digital busquen a otros. Hay algunas cosas que podemos hacer con ideas, hay que asignar un comité informal que se ocupe de compartir ideas y generar soluciones a partir de ideas.

3. APRENDE A HABLAR EL IDIOMA DE LA C-SUITE

Ninguna iniciativa puede obtener una tracción significativa en toda la empresa sin el liderazgo directo y el apoyo de la parte superior. Ese apoyo puede ser difícil de ganar si los agentes hablan el mismo idioma que C-suite. No es suficiente que los agentes de cambio digital hablen sobre el lado tecnológico de la transformación digital. Las innovaciones digitales deben considerarse en el contexto del trabajo diario, la responsabilidad y el valor para la organización. También es difícil lograr que las personas se sumen a los esfuerzos de transformación digital.

Para ganar tracción con la transformación digital, los agentes de cambio deben:

- Traducir tecnología y tendencias digitales al lenguaje cotidiano; reunir a los ejecutivos puede hacer hincapié en su potencial.
- Participar en la narración de cuentos; contar historias de exitosos esfuerzos de transformación digital ayuda a humanizar el cambio y a los ejecutivos a apoyar formalmente a los agentes de cambio.
- Hacer Listas; algunos ejecutivos no pueden saltar a bordo debido a sus sesgos existentes, asi que, hay que hablar sobre cómo cambiar las cosas, cómo cambiarlas, cómo cambiarlas, cómo cambiarlas.
- Ser empático; comprenda que algunos ejecutivos creen que no pueden "digitalizarse" y que no pueden ver el mundo. Estar abierto a sus perspectivas y ganar entendimiento mutuo.
- Traiga voces externas; ya sea con la intención directa de los altos ejecutivos o como parte de una serie de conferencias para todas las partes interesadas clave, los líderes de opinión externos pueden ayudar a cambiar sus ideas y tendencias en materia de innovación digital sin una agenda política, así, el mensaje de un experto externo podría resonar más y motivar a los ejecutivos en sus propios términos.

Cree una narrativa convincente sobre el estado de adopción digital de la organización.

Los agentes de cambio deben auditar la organización al (1) organizar entrevistas individuales con las partes interesadas clave, (2) evaluar la división entre los "rezagados" digitales y los "innovadores", y (3) determinar por qué la organización tiene problemas para obtener apoyo.

Ser capaz de comunicarse con C-Suite allana el camino para obtener apoyo ejecutivo formal para los esfuerzos de transformación digital de los agentes de cambio. Este apoyo puede ser un obstáculo claro, ofrecer un acceso sin precedentes a la organización y asegurar fondos y recursos para programas piloto y de capacitación.

4. HACER ALIADOS

Muchos esfuerzos de transformación digital son más grandes que cualquier departamento. A menudo requieren recursos multifuncionales para apoyo y proyectos financiados. Los agentes de cambio deben formar aliados en todos los departamentos y formar grupos de trabajo multifuncionales y comités directivos para promover el cambio en toda la empresa. Los agentes de cambio deben, por lo tanto, defender la transformación digital que se basa en la realidad, los hechos y evidencia demostrable; y los agentes de cambio deben explicar por qué la transformación digital quiere beneficiarse, así como a la organización en su conjunto.

Confían y respetan, y se han sumado a las iniciativas de transformación digital. Una vez que los agentes de cambio hacen un aliado entre las funciones, es más fácil hacer más. Cuando no están seguros de algo nuevo, a menudo van con lo que la mayoría está haciendo: esto es una "prueba social". Los agentes de cambio deben ser escépticos de la transformación digital. Son resistentes al cambio. Escuchar y fomentar la apertura es clave para hacer aliados. Los agentes de cambio efectivos son embajadores del empoderamiento y la inclusión.

Una vez que esté al descubierto, aprenderá más sobre lo que necesita, cómo necesita ser más convincente y cómo trabajar juntos de manera más productiva. Hacer aliados es fundamental para obtener la determinación oficial para los compromisos multifuncionales. A su vez, estas iniciativas oficiales multifuncionales son críticas para los esfuerzos de transformación digital. Una vez que los agentes están listos para hacer todas las formas y grupos de funciones cruzadas, pueden organizarse, ejecutarse, autogestionarse e informar el progreso a la suite C, y en el proceso obtener impulso para avanzar en la organización a través de las seis etapas de la transformación digital (y tecnológica).

5. DIFUNDIR LA ALFABETIZACIÓN DIGITAL

La alfabetización digital se está convirtiendo en una gran ventaja competitiva, y uno de los roles clave es el de "educadores digitales". Los agentes de cambio deben ayudar a sus colegas a identificar las nuevas habilidades necesarias para tener éxito en una economía digital disponible internamente y externamente, e introducir nuevos programas de capacitación para asegurar que todos en la organización puedan ayudar a avanzar en la transformación digital.

Necesitas ayudar a las personas a entender el valor de lo digital educándolos para que se sientan cómodos al hablar de soluciones enfocadas digitalmente. La adquisición de la alfabetización digital es un reto, pero crucial, para nuestra fuerza laboral cambiante. Aprender nuevas habilidades y adoptar nuevas perspectivas, mientras se desaprenden procesos y habilidades heredados, es fundamental para modernizar la fuerza laboral. También establece el escenario para una cultura que es lo opuesto a la aversión al riesgo.

6. CREA UNA HOJA DE RUTA DE TRANSFORMACIÓN DIGITAL

No existe una receta sobre cómo lograr transformaciones digitales y, a medida que aprendemos, la evolución del negocio tampoco tiene fin. Las nuevas innovaciones están perturbando constantemente a las empresas. Para competir en este mercado en constante cambio, las organizaciones deben invertir en tecnología audaz y modelos de negocio ágiles. Los agentes de cambio digital desempeñan un papel fundamental para ayudar a las organizaciones a adaptarse e innovar. Pero a menudo no es fácil cambiar al éxito a corto plazo para un enfoque a largo plazo.

> Julie Bowerman, exvicepresidenta de comercio electrónico global, Shopper Marketing y Digital en Coca-Cola recomienda a los agentes de cambio que presionen a sus instintos para que trabajen en su nombre; centrarse menos en el día a día y pensar más en grandes cantidades de tiempo.

La clave para ayudar a sus organizaciones a innovar constantemente es que los agentes de cambio trabajen en programas piloto locales y en una hoja de ruta de transformación digital a largo plazo para toda la empresa en la que todos puedan trabajar. Al centrarse en las iniciativas locales de transformación digital, los agentes de cambio pueden usar sus ganancias incrementales y rápidas para probar conceptos y obtener apoyo para grandes esfuerzos. Para sobresalir, debes hacer cosas grandes y ambiciosas que sean increíblemente visionarias e inspiren a las personas. También debe ser pragmático para que la gente crea que realmente puede suceder. Si bien los agentes de cambio deben entregar valor rápidamente, también deben estar atentos al panorama general. Eventualmente, quieres llegar al punto en el que no estás resolviendo cosas únicas, sino que tienes un sistema de soluciones e ideas. Al diseñar una hoja de ruta de transformación digital a largo plazo para toda la empresa, los agentes de cambio, junto con sus patrocinadores ejecutivos, deben considerar no solo las oportunidades comerciales vinculadas a la transformación digital de la organización, sino también los desafíos internos y externos que enfrenta la transformación digital en la organización. Las partes interesadas deben participar en la gestión de estos esfuerzos, y las habilidades críticas y la experiencia necesaria para lograrlos.

7. ENLACE LOS ESFUERZOS DE TRANSFORMACIÓN DIGITAL A OBJETIVOS DE NEGOCIOS E INDIVIDUOS

Al diseñar una hoja de ruta de transformación digital, los agentes de cambio también deben tener en mente un objetivo comercial claro. Esta es una práctica estándar a tener en cuenta, donde la agenda de transformación digital de la compañía está impulsada por una "visión del estado final". Necesita: saber lo que estás tratando de lograr al final y por qué. Lo digital por el bien de lo digital no es suficiente. Es necesario completar una sólida hoja de ruta de transformación digital.

Los agentes de cambio exitosos también vinculan los objetivos de los empleados con los objetivos de transformación digital. A los empleados les gusta medirse en el trabajo e incentivarlos a cambiar. Al vincular los objetivos de transformación digital y los objetivos de los empleados, los empleados sienten que tienen un aspecto más complejo.

> Julie Bowerman dice: "Usted tiene una transformación digital en las rutinas de desempeño de los empleados. Múltiples personas en el nivel superior deben ser responsables como parte de su estructura de gestión de desempeño y remuneración.

8. ESTABLECER METRICAS E HITOS

Todos los esfuerzos de transformación digital deben estar vinculados al ROI. Los agentes de cambio digital podrían tener dificultades para predecir y medir el ROI para sus esfuerzos individuales. Pero se están convirtiendo en grupos de trabajo multifuncionales y colaboradores en iniciativas de transformación digital, están claros para establecer hitos claros, KPI y métricas para medir el progreso. Métricas para los esfuerzos de transformación digital. Se pueden vincular a oportunidades de mercado o al desarrollo de nuevos segmentos de clientes. Los agentes de cambio necesitan definir métricas para sus iniciativas. Cuando no lo hacen, hay una tendencia a que se centren en la larga lista de tareas que se avecinan sin reconocer los pasos que han tomado y realizado.

Se aconseja a los agentes de cambio establecer hitos para sus iniciativas de transformación a los tres, seis y nueve meses cuando planean completarlos. Hay que hacerlos tangibles para que la gente vea como alguien hace las cosas.

9. DEMOCRATIZAR LA IDEACIÓN

La cultura organizacional se menciona como el mayor catalizador o inhibidor de la transformación digital. Muchas culturas, son en gran medida resistentes a asumir riesgos, y al igual que muchas excluyen o limitan de dónde pueden provenir las innovaciones. En algunas culturas, las ideas y las nuevas iniciativas se consideran HiPPO (*opinión de la persona mejor pagada en la organizacion*), provienen de la suite C o de los ejecutivos titulados que están autorizados a la idea. Pero cuando se trata de la transformación digital, estos ejecutivos no siempre son los más calificados para intercambiar ideas. Los agentes de cambio digital deben desempeñar un papel en la generación de ideas democratizadoras. Más importante aún, los agentes de cambio deben implementar las mejores ideas. Hay que estar dispuesto a escuchar a cualquiera en la organización.

> Solicita tres razones por las que se deberían tener tres razones por las que no deberían considerarse tres nuevas ideas ☺

Para que la transformación digital se afiance, el cambio debe ser parte de la cultura de una organización, administrada como parte del trabajo diario. Ya sea aprendiendo nuevas habilidades o aportando nuevas ideas, se espera que todos los empleados participen.

10. CAPITALIZA SUS "SUPER PODERES" INHERENTES

Los agentes de cambio poseen cualidades que les ayudan a aprender y experimentar en áreas donde no hay mucha claridad. Donde la hierba proverbial puede ser más verde. Curiosamente, "¿Puedo afectar el cambio aquí?"

El reto y la meta fueron los mismos.

El ADN de los agentes de cambio, su personalidad central, sus creencias y su ambición, son especialmente adecuados para la transformación digital, lo que implica altas dosis de incertidumbre:

- Aquellos que son descritos como solucionadores de problemas, extrovertidos y con vocación de carrera encuentran consuelo en el caos.
- Aquellos que son descritos como pensadores críticos, introvertidos o cautelosos expresaron la necesidad de apoyo interno y validación de sus esfuerzos.
- Todos ellos son autodidactas.
- Ellos están abordando antes de rendirse.
- No se rinden a menos que sientan que la verdadera innovación no es posible sin un compromiso significativo.

> Los agentes de cambio deben sacar provecho de estos *"super poderes"*!

Súper poderes que les permiten permanecer frente a las críticas y la resistencia al cambio, e incluso cuando son líderes reacios o están asustados. Ser un agente de cambio está en tu ADN. Has estado en piel dura, y no puedes preocuparte demasiado por ser derribado. Es algo que no puedes enseñar; es quien eres Así, estás siendo un optimista que disfruta de las oportunidades y no se enfoca en atascarse.

OUTRO

EL VALOR DE LOS AGENTES DE CAMBIO PARA LA TRANSFORMA‐CION DIGITAL

El ritmo de la innovación y la interrupción se está acelerando. El darwinismo digital se está convirtiendo en una amenaza u oportunidad basada en cómo reaccionar ante el cambio. Los agentes de cambio digital y los líderes son fundamentales para ayudar a sus empresas a competir de manera más efectiva en esta economía digital y avanzar con éxito a lo largo de las Seis Etapas de la Transformación Digital. Pero el valor del cambio para la organización va más allá de sus esfuerzos de transformación digital. Al desafiar el *status quo* y defender nuevas ideas, están expandiendo el pensamiento, la agilidad y las capacidades de la organización. Ayudan a infundir curiosidad y promover una mentalidad innovadora para abordar problemas y crear oportunidades de nuevas maneras. Ayudan a modernizar las habilidades y los procesos de la fuerza laboral. Mejoran las experiencias de clientes y empleados. Contribuyen al desarrollo de productos y servicios potencialmente rentables. Y con cada paso que dan, ayudan a aprender la organización y crecer. Dado su increíble valor, los líderes deben compilar una cartera de agentes de cambio digital en su organización y considerar la mejor manera de implementar y desarrollar cada uno de ellos. Los agentes de cambio digital pueden o no tener la intención de comenzar como lo buscan, y su viaje, a veces, puede sentirse solo. Pero siguen un camino prometedor. El cambio nunca es fácil. Construyen una base ágil para una empresa evolucionada.

DOS TESTIMONIOS VALIOSOS SOBRE LA TRANSFORMACION DIGITAL, SU IMPLENTACION Y ADOPCION

Sabemos que *Julie Bowerman*, referente y responsable de implementación y adopción de trasformación digital manifiesta que se debe insertar la transformación digital en las rutinas de desempeño de los empleados. Múltiples personas antiguas deben ser responsables como parte de su gestión de desempeño y estructura de remuneración para que sea una prioridad. | Ser un agente de cambio está en tu ADN. Te has vuelto de piel gruesa y no puedes preocuparte demasiado por ser derribado Es algo que no puedes enseñar; es quien eres; estas en modo optimista, que disfruta la oportunidad y no se enfoca en atascarse.

Por otra parte, *Sara Camden*, también referente y responsable de implementación y adopción de trasformación digital dice que comenzó con la introducción fluida de nuevas ideas digitales a colegas, sin asustarlos… una vez que la gente escucha acerca de las campañas y tácticas, simplemente ya quieren involucrarse; eduque a sus departamentos. Ella se convirtió en un asesor interno amable y afortunado; tenía un gran gerente de apoyo que quería defenderla y llevarla a un punto de mayor influencia en la empresa. | Algunas personas quieren conservar secretos comerciales territoriales en lugar de compartir a través de la organización. Nosotros somos muy abiertos, y creyentes en devolver el favor, por lo que siempre estamos dispuestos a ayudar a cualquiera y a compartir todo lo que sabemos, eso siempre tiende a estar de vuelta.

REFERENCIA

6 Stages of Digital Transformation
Digital Change Agent's Manifesto

+

- Altimeter
- Prophet
- Brian Solis

&

"Groupthink." Psychology Today. Sussex Publishers, n.d. https://www.psychologytoday.com/basics/groupthink.

CURADORES

Andrés Vrant es Master en Publicidad de la Universidad de Barcelona; fue becario del Departamento de Estado de US para un *Fellowship* en Innovación de la Universidad Estatal de Missouri. Cofundador de *The INK Company* a través de la cual se proveen soluciones basadas en lo digital; es mentor de emprendimiento de base tecnológica y transformación digital. Adicionalmente es investigador, curador o autor de artículos y libros para la división editorial de *The INK Company*, *The INK Publishing*.

Pedro Mora es Ingeniero Telemático, 100% Apasionado por el Emprendimiento, Modelos de Negocios Digitales e infraestructuras en la nube. Ha trabajado en cientos de proyectos basados en el ecosistema digital y transformación del modelo de negocio en diversos sectores. Es un experto probado de campo en el engranaje ideal de combinar las estrategias de internet con los departamentos comerciales de las empresas. Emprendedor por naturaleza, es co fundador de la agencia *Giappy* y 2M. Es Mentor Experimentado del Programa Apps.co y Mentor en Aceleración de Negocios de la Cámara de Comercio de su ciudad, Santiago de Cali.

THE INK COMPANY

TRANSFORMACION
DIGITAL
PARA EMPEZAR
LA DISRUPCION
CORPORATIVA

ISBN: **9781797575476**

www.ingramcontent.com/pod-product-compliance
Lightning Source LLC
Chambersburg PA
CBHW021358210526

45463CB00001B/144